计算机专业·任务驱动应用型教材

大数据可视化技术

王建国　高海英　主　编
胥胜林　王艳丽　副主编

电子工业出版社
Publishing House of Electronics Industry
北京·BEIJING

内 容 简 介

本书是基于几款常用的大数据分析软件编写的,以项目教学的方式循序渐进地讲解大数据可视化技术的基本原理和具体应用的方法与技巧。

本书分为 7 个项目,具体内容为:了解大数据可视化、数据可视化过程、数据可视化工具、Excel 数据可视化、Tableau 数据可视化、ECharts 数据可视化、Python 数据可视化。

本书案例丰富、内容翔实,操作方法简单易学,既可以作为职业院校计算机与软件工程相关专业的教材,也可以作为从事数据分析相关工作的专业人士的参考用书。

未经许可,不得以任何方式复制或抄袭本书之部分或全部内容。
版权所有,侵权必究。

图书在版编目(CIP)数据

大数据可视化技术 / 王建国,高海英主编. —北京:电子工业出版社,2023.1
ISBN 978-7-121-43845-5

Ⅰ. ①大… Ⅱ. ①王… ②高… Ⅲ. ①可视化软件-数据处理-教材 Ⅳ. ①TP31

中国版本图书馆 CIP 数据核字(2022)第 110211 号

责任编辑:康　静　　　　　　　特约编辑:田学清
印　　刷:北京瑞禾彩色印刷有限公司
装　　订:北京瑞禾彩色印刷有限公司
出版发行:电子工业出版社
　　　　　北京市海淀区万寿路 173 信箱　　　邮编:100036
开　　本:787×1092　　1/16　　印张:13.75　　字数:334 千字
版　　次:2023 年 1 月第 1 版
印　　次:2023 年 1 月第 1 次印刷
定　　价:59.00 元

凡所购买电子工业出版社图书有缺损问题,请向购买书店调换。若书店售缺,请与本社发行部联系,联系及邮购电话:(010)88254888,88258888。

质量投诉请发邮件至 zlts@phei.com.cn,盗版侵权举报请发邮件至 dbqq@phei.com.cn。

本书咨询联系方式:010-88254609,hzh@phei.com.cn。

前言

　　数据可视化是对数据的一种形象直观的解释，可以实现从不同的角度来观察数据，从而得到更有价值的信息。数据可视化可以将抽象、复杂、不易理解的数据转化为人眼可以识别的图形、图像、符号等，这些转化后的数据通常能够更有效地传达数据本身所包含的有用信息。

　　数据可视化的目的是更明确、更有效地传达信息，从而对数据进行可视化处理。数据可视化可以利用计算机图形和图像处理技术，将数据转换成图形或图像在屏幕上显示出来，并进行交互处理，从而增强人们对这些数据所蕴含现象或规律的理解和认知。

　　本书以由浅入深、循序渐进的方式展开讲解，以合理的结构和经典的案例对大数据可视化技术的各种功能进行详细的介绍，具有极高的实用价值。通过对本书的学习，读者可以掌握大数据可视化技术的基本知识和应用技巧。

一、本书特点

> 案例丰富

　　本书的案例无论是数量还是种类，都非常丰富。本书结合大量的数据分析案例，详细讲解了大数据可视化技术的原理与应用知识要点，让读者在学习案例的过程中潜移默化地掌握大数据可视化技术的应用技巧。

> 突出提升技能

本书从全面提升大数据可视化技术实际应用能力的角度出发，结合大量的案例来讲解如何使用各种常见软件进行大数据可视化分析，使读者了解大数据可视化技术的基本原理，并能够独立地完成各种大数据可视化技术的应用操作。

本书中有很多案例本身就是大数据可视化技术项目案例，经过作者精心提炼和改编，不仅保证了读者能够学好知识点，更重要的是，还能够帮助读者掌握实际的操作技能，同时培养读者的大数据可视化技术应用实践操作能力。

> 技能与思政教育紧密结合

在讲解大数据可视化技术专业知识的同时，紧密结合思政教育主旋律，从专业知识的角度触类旁通地引导学生提升相关思政品质。

> 项目式教学，实操性强

本书的作者都是高等院校中从事大数据可视化技术教学研究多年的一线人员，具有丰富的教学实践经验与教材编写经验，能够准确地把握学生的心理与实际需求。本书是作者总结多年的开发经验及教学的心得体会，历时多年精心编写而成的，力求全面、细致地展现大数据可视化技术应用领域的各种功能和使用方法。

本书采用项目式教学，把大数据可视化技术的理论知识分解并融入一个个实践操作的训练项目中，增强了本书的实用性。

二、本书的基本内容

本书分为 7 个项目，具体内容为：了解大数据可视化、数据可视化过程、数据可视化工具、Excel 数据可视化、Tableau 数据可视化、ECharts 数据可视化、Python 数据可视化。

三、关于本书的服务

1. 关于本书的技术问题或有关本书信息的发布

如果读者遇到有关本书的技术问题，可以将问题以邮件形式发到邮箱 714491436@qq.com，我们将及时回复，也欢迎读者加入图书学习交流群（QQ：913036917）进行交流探讨。

2. 安装软件的获取

按照本书中的案例进行操作练习，需要事先在计算机上安装相应的软件。读者可以从官方网站上下载相应的软件，或者从当地电子城、软件经销商处购买相应的软件。QQ 交流群也会提供相应软件的下载地址和安装方法教学视频，需要的读者可以关注。

3. 电子资源内容

为了便于各学校师生利用本书进行教学，本书附赠了多媒体资源，内容为书中所有案例的源文件与相关资源，以及案例操作过程录屏动画，另外附赠了大量其他案例素材，供读者学习使用，请对此有需要的读者登录华信教育资源网（http://www.hxedu.com.cn）免费注册后进行下载。

本书由河南信息统计职业学院的王建国、西安航空职业技术学院的高海英担任主编，由湖南石油化工职业技术学院的胥胜林、河南科技大学的王艳丽担任副主编，石家庄三维书屋文化传播有限公司的闫聪聪老师等为本书的出版提供了必要的帮助，在此对他们的付出表示真诚的感谢。

由于作者水平和编写时间所限，书有难免会存在疏漏和不足之处，敬请广大读者给予批评指正。

作　者

2022.1

目录

项目一 了解大数据可视化 / 1

 任务一　大数据可视化概述 / 2
 任务二　大数据可视化技术的应用与前景 / 8
 项目总结 / 14

项目二 数据可视化过程 / 15

 任务一　数据可视化的流程与原则 / 16
 任务二　数据可视化设计 / 20
 项目总结 / 33

项目三 数据可视化工具 / 34

 任务　了解数据可视化工具 / 35
 项目总结 / 46
 项目实战 / 46

项目四 Excel 数据可视化 / 49

 任务一　Excel 函数与图表 / 50
 任务二　Excel 数据可视化应用 / 65
 项目总结 / 82
 项目实战 / 83

项目五　Tableau 数据可视化 / 86

　　任务一　Tableau 应用入门 / 87
　　任务二　Tableau 数据可视化应用 / 126
　　项目总结 / 157
　　项目实战 / 157

项目六　ECharts 数据可视化 / 162

　　任务一　ECharts 使用基础 / 163
　　任务二　ECharts 数据可视化应用 / 171
　　项目总结 / 182
　　项目实战 / 182

项目七　Python 数据可视化 / 187

　　任务一　Python 基础 / 188
　　任务二　Python 数据可视化应用 / 202
　　项目总结 / 210
　　项目实战 / 210

项目一

了解大数据可视化

思政目标

> 通过介绍数据可视化的发展历程来激发学生的爱国敬业热情
> 通过对大数据可视化技术前景的展望来增强学生的"四个自信"

技能目标

> 能够了解什么是数据可视化
> 能够掌握数据可视化的发展历程
> 能够了解在哪些领域可以应用数据可视化

项目导读

本项目将首先从数据和大数据的概念开始,引入数据的可视化处理。为了让读者了解数据可视化的历史和现状,接下来介绍数据可视化的发展历程,然后对大数据可视化技术在各个领域的应用进行说明,最后对大数据可视化技术的前景进行展望。

任务一　大数据可视化概述

任务引入

小白在某公司找到了一份新工作，入职报到后被分配到数据分析部，实习岗位是助理数据分析师，负责数据可视化的相关工作任务。为了在今后的工作中顺利完成部门主管交给他的工作任务，小白必须首先熟悉大数据可视化的相关知识。例如，数据与大数据有什么区别，什么是数据可视化，数据可视化经历过怎样的发展历程，等等。

知识准备

一、数据和大数据

如果问什么是数据，那么每个人根据自己对数据的理解，都会有不同的回答。有的人也许会简单地回答：数据就是数字。其实，数据不仅仅是狭义上的数字，它还可以是具有一定意义的文字、字母、符号，甚至是图形、图像、音频、视频，等等。例如，"1、2、3……"、"晴、阴、小雨、大雨、小雪、雷电"和"人事档案记录、库存记录"等，这些都属于数据。因此，我们可以说，数据是事实或观察的结果，是对客观事物的逻辑归纳，是用于表示客观事物的未经加工的原始素材。从实用的角度讲，数据是现实世界的一个简化和抽象的表达，可以为我们提供所需要的信息。

在计算机科学中，数据是指所有能够输入计算机中并被计算机程序处理的符号的介质的总称，它是用于输入电子计算机中进行处理，具有一定意义的数字、字母、符号和模拟量等的通称。随着社会的发展，计算机能够存储和处理的对象日趋广泛，表示这些对象的数据也随之变得越来越复杂。

那么"大数据"这个词是从哪里来的呢？据资料记载，"大数据"一词最早出现在1983年著名未来学家阿尔文·托夫勒所著的《第三次浪潮》一书中，该书中提到"如果IBM的主机拉开了信息化革命的大幕，那么'大数据'才是第三次浪潮的华彩乐章"。所谓的大数据，是指具有数量巨大（无统一标准，一般认为在T级或P级以上，即 10^{12} 或 10^{15} 以上）、类型多样（既包括数值型数据，也包括文字、图形、图像、音频、视频等非数值型数据）、处理时效短、数据源可靠性保证度低等综合属性的海量数据集合。随着现代社会的高速发展、科技的日益发达、信息流通需求的快速增长，人与人之间的交流越来越密切，生活也越来越方便，大数据就是我们这个科技时代的产物。

大数据这一名词出现后，很多人都希望能够对大数据的特点进行准确描述，其中比较有代表性的是 IBM 提出的大数据具有"5V"的特点，即 Volume（大量）、Velocity（高速）、Variety（多样）、Value（价值）、Veracity（真实），如图1-1所示。

- Volume（大量）。大数据的特点首先就是数据规模大。随着互联网、物联网、移动互联技术的发展，人和事物的所有轨迹都可以被记录下来，数据呈现出爆发性增长。
- Velocity（高速）。这是指数据的增长速度和处理速度都很快。在大数据时代，大数据的交换和传播主要是通过互联网和云计算等方式实现的，其数据的增长速度非常迅速。另外就是，大数据还要求处理数据的响应速度要快，处理速度要立竿见影而非事后见效。

图 1-1　大数据的"5V"特点

- Variety（多样）。这是指由于数据来源的广泛性，决定了数据形式的多样性。大数据可以分为三类：一是结构化数据，如财务系统数据、信息管理系统数据等，其特点是数据之间的因果关系强；二是非结构化数据，如视频、图片、音频等，其特点是数据之间没有因果关系；三是半结构化数据，如 HTML 文档、邮件、网页等，其特点是数据之间的因果关系弱。
- Value（价值）。大数据的核心特征是价值，其实价值密度的高低和数据总量的大小是成反比的，即数据价值密度越高数据总量越小，数据价值密度越低数据总量越大。合理运用大数据，能够以低成本创造出高价值。
- Veracity（真实）。这是指数据的质量，由于大数据中的内容与真实世界所发生的事实是息息相关的，因此，研究大数据就是从庞大的网络数据中提取出能够解释和预测现实事件的信息的过程。

二、什么是数据可视化

数据反映着现实的世界，可是人们更希望在这些数据中寻找规律，从而解决现实中的各种问题，甚至掌握未来的发展趋势。在现实生活中，如果仅仅给一个人提供纯粹的数据，会使他感到枯燥、乏味，而且难以提炼出所需要的信息，这时就需要给他提供具有生动性和表现力的图形或图像。不仅如此，对于有的信息，如果仅仅通过数字和文字来表达，则可能需要几百个字、几千个字，甚至可能无法表达，但是如果通过图形来表达，则能够很简单地把这些信息传达给他人，因此人们常说"一图胜千言"。现在科学家证实，人的大脑分左脑和右脑两部分。左脑主要具备语言、数学、逻辑性思考等功能，一般被称为"学术脑"；而右脑则主要具备观察、空间、想象、图画等功能，一般被称为"艺术脑"。由于人类对图形、图像等可视化符号的阅读会激活右脑，因此对图形的处理效率要比对数字、文本的处理效率高得多。

数据可视化是对数据的一种形象直观的解释，可以实现从不同的角度来观察数据，从而得到更有价值的信息。数据可视化可以将抽象、复杂、不易理解的数据转化为人眼可以识别的图形、图像、符号等，这些转化后的数据通常能够更有效地传达数据本身所包含的有用信息。数据可视化的目的是更明确、更有效地传达信息，从而对数据进行可视化处理。数据可视化可以利用计算机图形和图像处理技术，将数据转换成图形或图像在屏幕上显示出来，并进行交互处理，从而增强人类对这些数据所蕴含现象或规律的理解和认知。

一般来讲，数据可视化是为了从数据中寻找以下 3 个方面的信息。

（1）模式：指数据中的规律。比如，每月乘坐某段铁路的旅客人数都不一样，通过几年的数据对比，可以查看哪些月份的旅客的数量偏低，哪些月份的旅客的数量居高不下，寻找旅客人数的周期性变化。

（2）关系：指数据之间的相关性，通常代表关联性和因果关系。不管数据的总量和复杂程度如何，数据之间的关系大多可以分为 3 类：数据之间的比较、数据的构成及数据的分布或联系。比如，根据某商品的销售数据，寻找某商品在价格调节范围内的价格与销售量之间的关系。

（3）异常：指有问题的数据。异常的数据不是专门指错误的数据，有些异常的数据可能是由设备出错或人为错误输入造成的，有些异常的数据可能就是正确的数据。通过异常分析，用户可以及时发现各种异常情况。

在进行数据可视化时一般会用到图表，但是不可以把数据可视化简单地看作绘制图表。数据可视化的处理对象是数据，根据所处理的数据对象的不同，数据可视化可以分为科学可视化与信息可视化。科学可视化面向科学和工程领域的数据，如三维空间测量数据、计算模拟数据和医学影像数据等，重点探索如何以几何、拓扑和形状特征来呈现数据中蕴含的规律。而信息可视化的处理对象则是非结构化数据，如金融交易数据、社交网络数据和文本数据等，其核心是如何从大规模高维复杂的数据中提取出有用的信息。由于数据分析的重要性，因此，人们将可视化与数据分析结合，形成了可视分析学这一新的学科。

随着大数据时代的到来，面对规模越来越庞大的数据，数据可视化可以为大数据分析的结果提供一种更加直观、更加丰富的展示手段，从而让大数据以一种更易于理解、更有意义的方式呈现给大多数人。

三、数据可视化的发展历程

数据可视化有着久远的历史，最早可以追溯到远古时期。数据可视化技术的发展与测量技术、数学、美学及现代科技的发展相辅相成。下面简略介绍一下数据可视化的发展历程。

1．10 世纪之前，数据可视化的起源

我们可能永远也无法得知世界上第一个数据可视化的作品是什么样子的。因为它很可能是画在沙地上，也可能是刻在岩石上，但是在沧海桑田的历史变迁中早已无从得知。在那个年代，人类已经开发出了以视觉方式表达信息的方法。有人仰望星空，绘制出了星空的变化；有人则俯视大地，绘制出了地图。图 1-2 所示为一名不知名天文学家所绘制的一张《行星运动图》，其出现在公元 950 年左右的欧洲，这是已知的最早尝试以图形方式显示变化的值，其中包括了横轴、纵轴、折线等现代统计图形的元素。

2．10～17 世纪，早期地图与图表

在 16 世纪，用于精确观测和测量物理量及地理与天体位置的技术和仪器得到了充分发展，这使得绘图变得更加精确。更为准确的测量方式在 17 世纪得到了更为广泛的使用，这对于地图的制作、距离和空间的测量等都产生了极大的促进作用。同时，伴随着科技的进步及经济的发展，数据的获取方式主要集中于对时间、空间、距离的测量上，而对数据的应用则集中于制作地图、天文分析等方面。此时，法国哲学家、数学家笛卡儿创立了解析几何和坐

标系，将几何曲线与代数方程相结合，在两个或三个维度上进行数据分析，"踏出"了数据可视化发展历程中重要的一步。图 1-3 所示为笛卡儿坐标系。

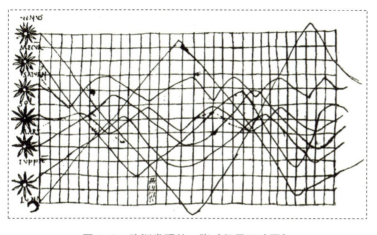

图 1-2 欧洲发现的一张《行星运动图》

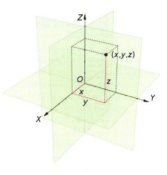

图 1-3 笛卡儿坐标系

3. 18 世纪，新的图形形式

18 世纪可以说是科学史上承上启下的时代，随着英国工业革命、牛顿对天体的研究及后来微积分方程等的建立，统计学的研究也开始萌芽，使用抽象图形的方式来表示数据的想法也不断成熟。在法国人 Marcellin Du Carla-Boniface 绘制的第一幅地形图中，其使用一条曲线表示相同的高程，这对于测绘、工程和军事有着重大的意义，成为地图的标准形式之一。其中，数据可视化发展中的重要人物——苏格兰工程师 William Playfair 发明了一些我们至今仍常用的折线图（见图 1-4）、条形图（见图 1-5）、饼图等。

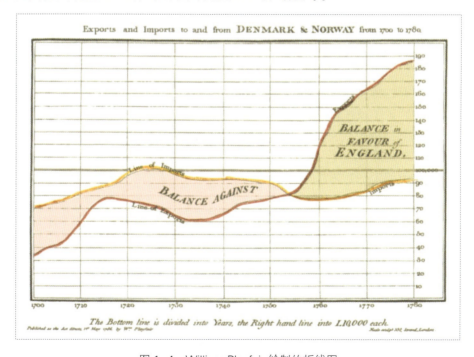

图 1-4 William Playfair 绘制的折线图

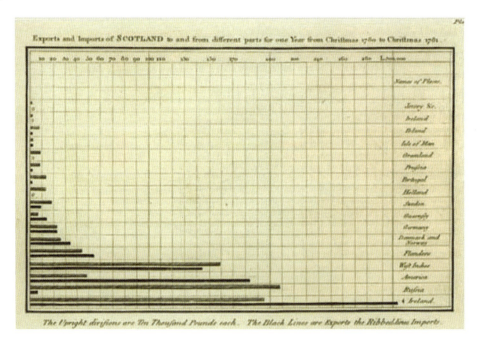

图 1-5 William Playfair 绘制的条形图

4. 19 世纪，数据绘图快速发展

在 19 世纪上半叶，随着各种工艺技术的完善，统计图形和专题绘图领域出现了迅猛发展，大多数形式的统计图形都是在这一时期出现的。在这一时期，数据的收集整理范围明显扩大，大量社会管理方面的数据被收集用于分析。在 1801 年，英国地质学家 William Smith 绘制了第一幅地质图，引领了一场在地图上表现量化信息的潮流。

在 19 世纪上半叶末，数据可视化领域开始了快速发展。随着数字信息对社会、工业、商业和交通规划的影响不断增大，数据可视化迎来了它历史上的第一个黄金时代。在这一时期，法国土木工程师 Charles Joseph Minard 绘制了多幅有意义的可视化作品，他最著名的作品《拿破仑东征图》用二维的表达方式展现了包括法军部队的规模、地理坐标、法军前进和撤退的方向、法军抵达某处的时间及撤退路上的温度在内的 6 种数据信息，用于描述 1812—1813 年拿破仑战争时期军队的损失情况，如图 1-6 所示。被誉为"现代护理专业之母"的南丁格尔绘制出了《东部军队（战士）死亡原因示意图》，她用"极区图"的形式描述了 1854 年 4 月—1856 年 3 月期间士兵死亡的情况，又称南丁格尔玫瑰图，如图 1-7 所示。

5. 20 世纪上半叶，数据可视化进入低谷

在 20 世纪的上半叶，由于第一次和第二次世界大战对经济所造成的冲击，数据可视化也随之进入了低谷。在这一时期，诞生了数理统计这一新的数学分支，创立数理统计的数学基础，并将数理统计进行应用成为这个时期统计学家们的核心任务。然而，在这一时期，人类收集、展现数据的方式并没有得到根本上的创新。当然，在这个时期仍然产生了具有标志性的作品。比如，英国电气工程师 Henry Beck 重新设计的伦敦地铁路线图，他以颜色来区分路线，路线大多以水平、垂直、45 度角三种形式来表现，路线上的车站距离与实际距离不成比例关系，这种设计方法已经成为全世界地铁交通路线都在使用的一种主流表现方法。

项目一　了解大数据可视化

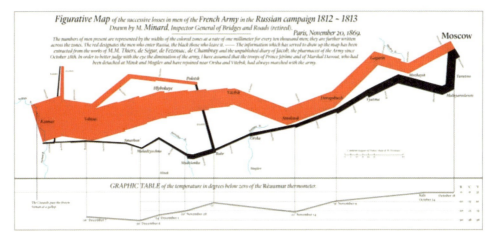

图 1-6　Charles Joseph Minard 绘制的《拿破仑东征图》

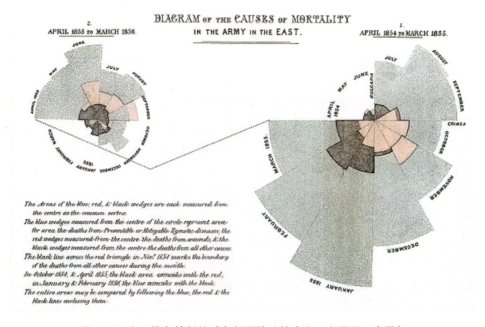

图 1-7　南丁格尔绘制的《东部军队（战士）死亡原因示意图》

6. 1950—1974 年，数据可视化的复苏

从 20 世纪上半叶末到 1974 年，这一时期被称为数据可视化领域的复苏期，而在这一时期引起变革的最重要的因素就是计算机的发明，计算机的出现让人类处理数据的能力有了跨越式的提升。在现代统计学与计算机计算能力的共同推动下，数据可视化开始复苏。随着计算机的日趋普及，在 20 世纪 60 年代末，各研究机构就逐渐开始使用计算机程序取代手绘的图形。由于计算机的数据处理精度和速度具有强大的优势，高精度分析图形就已不能再通过手动绘制。人们开始尝试着在一张图上表达多种类型数据，或者使用新的形式表现数据之间的复杂关联，这也成为现今数据处理应用的主流方向。

7. 1975—2011 年，动态交互式数据可视化

在这一时期，计算机成为数据处理必要的成分，数据可视化进入了新的黄金时代，随着

应用领域的增加和数据规模的扩大，更多新的数据可视化需求逐渐出现。在 20 世纪 70 年代到 80 年代，人们主要尝试使用多维定量数据的静态图来表现静态数据，在 20 世纪 80 年代中期动态统计图开始出现，最终在 20 世纪末两种方式开始合并，试图实现动态、可交互的数据可视化，于是动态交互式的数据可视化方式成为新的发展主题。这可以看作动态交互式可视化发展的起源，推动了这一时期数据可视化的发展。

8. 从 2012 年至今，大数据可视化的挑战与机遇

随着时代的发展，全球每天的新增数据量呈指数级增长，这使得人们逐渐开始对大数据的处理进行重点关注，大数据时代就此正式开启。大数据时代的到来对数据可视化的发展有着冲击性的影响，试图继续以传统展现形式来表达庞大的数据量中的信息是不可能的，大规模的动态化数据要依靠更有效的处理算法和表达形式才能够传达出有价值的信息，因此大数据可视化的研究成为新的时代命题。我们在应对大数据时，不但需要考虑快速增加的数据量，还需要考虑数据类型的变化；互联网增加了数据更新的频率和获取的渠道，并且实时数据的巨大价值只有通过有效的可视化处理才可以体现。因此，动态交互式数据可视化已经向交互式实时数据可视化发展，这也是如今大数据可视化的研究重点之一。图 1-8 所示为大数据可视化技术在政务服务中的应用。

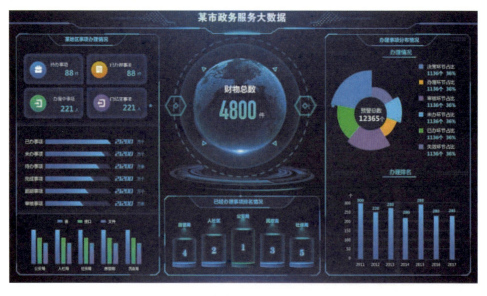

图 1-8　大数据可视化技术在政务服务中的应用

任务二　大数据可视化技术的应用与前景

任务引入

小白在了解大数据可视化的相关知识后，觉得随着大数据时代的到来，需要进行数据可视

化的领域一定会越来越多，他的工作前景一定会越来越好。但是，他想确切地了解，目前大数据可视化技术在哪些领域得到了广泛应用？大数据可视化技术将会有怎样的发展前景？

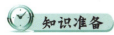 知识准备

一、大数据可视化技术的应用

1. 大数据可视化技术在现代农业中的应用

农业数据可视化系统可以对农作物生长环境中的温度、空气湿度、降雨量、光照、风速、虫蚁情况等信息进行监测，精准控制环境参数。农业数据可视化系统不仅可以记录给农作物施肥、浇水的时间和用量，还可以对农作物的生长情况、生长周期做出科学的分析，从而对生产量进行提前预估。同时，农业数据可视化系统检测土壤成分和化学农药残留是否超标，并实时地对培育、质检、生产和运输数据信息进行有效、准确的存储和管理，这样既可以提高农作物的产量和质量，也可以及时消减各种风险带来的问题和损失。依靠互联网、物联网、云计算、雷达技术及数据可视化技术将农作物的生长过程呈现在公众面前，形成可以让消费者放心购买优质产品的一种模式。这样既能解决食品安全问题，又能解决农产品销售难的问题，还能得到产前订单，让农产品卖到好价钱，因此智慧农业数据可视化已经成为一种新的发展趋势。图 1-9 所示为大数据可视化技术在现代农业中的应用。

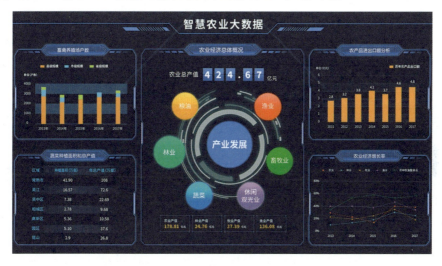

图 1-9　大数据可视化技术在现代农业中的应用

2. 大数据可视化技术在工业中的应用

工业企业中的生产线处于高速运转状态，因此工业设备所产生、采集和处理的数据量会急剧增加，工业生产可视化系统是工业企业的最佳选择。大数据可视化技术作为搭建数字工厂的必备技术，可以用于为用户构筑数字化管理平台，实时、直观地呈现物联网系统中的人员、设备、物料、环境及运营等方面的信息，辅助管理人员进行业务管理和决策，实现科学、有效的管理，从而达到降本增效的目的，其实用价值不言而喻。图 1-10 所示为大数据可视化技术在工业中的应用。

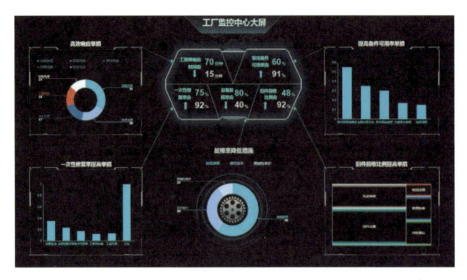

图 1-10　大数据可视化技术在工业中的应用

3. 大数据可视化技术在金融业中的应用

在当今竞争激烈的互联网金融行业中,市场形势瞬息万变,金融行业面临诸多挑战。随着金融行业电子化和数字化进程的不断推进,几乎所有的金融活动都体现为数据驱动的业务。大数据可视化可以应用在金融大数据的构建、证券市场分析、期货市场走势预测等场合。大数据可视化技术应用在海量金融数据的特征分析、客户信用风险分析、汇率波动分析等场合,可以对企业日常业务动态进行实时掌控,对金融数据进行有效的监督和管理。大数据可视化技术应用在金融反欺诈、反洗钱电子交易异常检测等场合,可以不断提高公司的风控管理能力和竞争力。图 1-11 所示为大数据可视化技术在金融业中的应用。

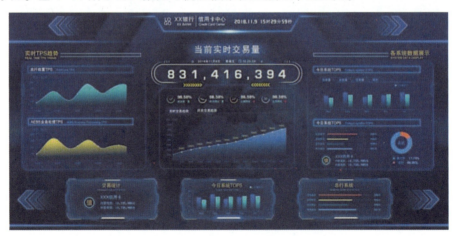

图 1-11　大数据可视化技术在金融业中的应用

4. 大数据可视化技术在医疗中的应用

大数据可视化技术可以帮助医院将所有诊疗的数据加以整合,构建全新的医疗管理体系模型,帮助医院领导快速解决关注的问题。此外,医学图像可视化技术作为有力的辅助手段,能够为医生提供具有真实感的三维医学图像,便于医生从多角度、多层次进行观察和分析,在辅助医生诊断、治疗等方面都发挥着重要的作用。不仅如此，大数据可视化技术还可以提高临床上对疾病预防、流行疾病防控等疾病的预测和分析能力。图 1-12 所示为大数据可视化技术在医疗中的应用。

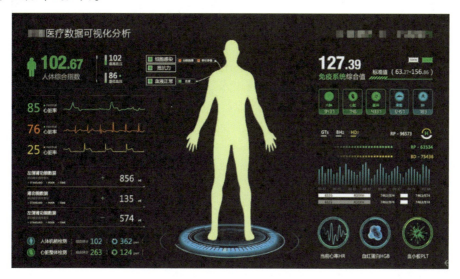

图 1-12　大数据可视化技术在医疗中的应用

5. 大数据可视化技术在教育中的应用

可视化教学是指在计算机软件和多媒体资料的帮助下，将被感知、被认知、被想象、被推理的事物及其发展变化的形式和过程用仿真化、模拟化、形象化及现实化的方式在教学过程中尽量表现出来。通过可视化教学，教师可以为学生直观地呈现知识，及时了解学生的学习状况，从而进行课堂教学、教学干预、教学评价等；学生可以自我评估，及时发现自己的学习问题，并形成知识框架与互联体系，促进知识表达与内化；教学管理者可以掌握教师的教学效果和学生的学习情况，调整教学管理与决策的目标、方法和策略。图 1-13 所示为大数据可视化技术在教育中的应用。

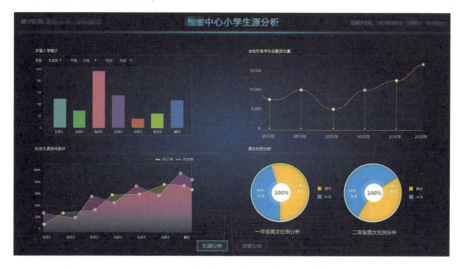

图 1-13　大数据可视化技术在教育中的应用

6. 大数据可视化技术在电子商务中的应用

大数据可视化技术在电子商务中有着极其重要的作用。通过挖掘数据，电商企业可以分析和预测客户的购物习惯，从而获悉市场变化，提高企业的竞争力。数据可视化可以为电商企业提供营销服务。通过展现出来的产品的性质特征及相关的购买记录和评价，在线上进行有利的营销，可以很快生成订单；通过对客户的购买习惯及购买喜好等进行数据分析，所获得的结果可以让电商企业更加了解客户的需求，从而将客户想要购买的产品实现可视化，做到更加精准的营销服务。电商企业还可以通过大数据可视化技术掌握自己的仓储的情况及销售量的情况，无论是员工还是管理层，都可以第一时间掌握销售的情况。图 1-14 所示为大数据可视化在电子商务中的应用。

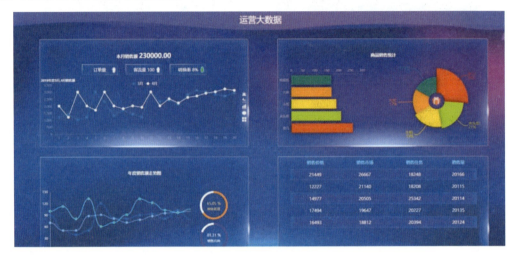

图 1-14　大数据可视化技术在电子商务中的应用

7. 大数据可视化技术在气象中的应用

气象预报领域涉及大量的可视化内容，从普通的云图到中尺度数值，每一时刻的等压面、等温面、漩涡、云层的位置及运动、暴雨区的位置及其强度、风力的大小及方向等，这些数据都源源不断地被采集到气象系统中，然后气象系统通过大数据可视化技术将这些数据转换为图像，协助气象研究人员对未来的天气做出准确的分析和预测，这就是气象的实时预测。另外，根据已有的全球气象监测数据，数据可视化可以将不同时期全球不同地区的气温分布、气压分布、雨量分布及风力风向等数据以图像的形式展示出来，从而对全球的气象情况及其变化趋势进行进一步的分析研究，协助研究人员对全球气象的变化趋势进行准确预测。

8. 大数据可视化技术在其他领域的应用

大数据可视化技术还可以应用于人工智能、卫星运行监测、航班运行、交通监控、城市基础设施监控、智能园区打造、现代旅游等众多领域。例如，可视化与可视分析可以在改善人工智能的基础数据质量和可解释性方面发挥巨大作用；卫星可视化可以将太空内所有卫星的运行数据进行可视化展示；城市应急指挥可视化可以集成地理信息、视频监控、警力警情数据为一体；智能园区可视化可以把园区的各个系统数据融会贯通，用于园区的综合管理；旅游景区可视化可以为旅游景区的管理决策提供基础数据支持，实现多系统联动和数据采集与交互。

通过对大数据可视化技术应用的学习，读者应该可以切身感受到，对于身处实现中华民族伟大复兴洪流中的每一个中国人来说，努力学习大数据可视化技术并成长为专业技术人才，一定能够在实现中国式现代化的过程中大有可为。

二、大数据可视化技术的前景

通过对大数据可视化技术的应用，人们可以将纷繁复杂的大数据集、晦涩难懂的数据报告变得轻松易读、亲切、易于理解。通过建立复杂的仿真环境，以及对大量数据多维度的积累，数据可视化可以非常直观、灵活、逼真地展示宏观态势，从而让非专业人士能够很快掌握某一领域的整体态势、特征。通过图像、三维动画及计算机程控技术与实体模型的融合，数据可视化可以实现设备的可视化表达，使管理者对其所管理设备的所处位置、外形及所有参数一目了然，从而大大减少管理者的劳动强度，提高管理效率和管理水平。

如今的我们正处在信息化时代的浪潮中，信息化推动了诸如大数据、云计算、区块链、人工智能等新技术的快速发展，而这些新技术的普及给很多行业增加了新的活力。随着大数据在政治、教育、传媒、医学、商业、工业、农业、互联网等多个方面得到广泛的应用，未来的数据可视化趋势已经成为必然，因此，人们会开发出越来越多的数据可视化工具，而需要进行数据可视化的领域也会越来越多。

为了更好地利用大数据，许多国外知名大学（如麻省理工学院、斯坦福大学等）都将大数据可视化作为研究课题。例如，麻省理工学院的研究小组专门研究城市信息的可视化，已经发表了多篇被广泛引用的论文；斯坦福大学进行了包括交互式可视化的新语言、理论模型、探索性分析和设计工具、评估可视化效果的感知实验，以及用于大规模文本分析、人口基因组学和其他领域的可视化分析研究。

在我国，2014年，大数据被首次写入政府工作报告，此后国家相关部门出台了一系列政策，鼓励大数据产业发展。2015年，国务院印发《促进大数据发展行动纲要》，其中提出要加大投入力度，加强可视化领域技术产品的研发，并鼓励高等院校、职业院校和企业合作，加强职业技能人才实践培养，积极培育大数据技术和应用创新型人才。2016年12月，工业和信息化部印发《大数据产业发展规划（2016—2020年）》，有力地促进了我国大数据产业的快速起步。

为了推动我国大数据产业的高质量发展，在2021年11月，工业和信息化部印发《"十四五"大数据产业发展规划》，在其中的主要任务中提到，要围绕数据清洗、数据标注、数据分析、数据可视化等需求，加快大数据服务向专业化、工程化、平台化发展；并在其中的保障措施中鼓励职业院校与大数据企业深化校企合作，建设实训基地，推进专业升级调整，对接产业需求，培养高素质技术技能人才。

随着这些政策的落地实施，在数据可视化方面，我国的许多大学也纷纷建立了相关的数据可视化研究团队，如北京大学可视化与可视化分析研究组、浙江大学可视化分析研究组等。除了学术研究机构，还有许多企业、媒体、个人和工作室都积极参与数据可视化研究。

由于我国社会主义制度具有集中力量办大事的显著优势，持续性的方向引导和顶层设计，使我国在大数据发展规划布局、政策支持、资金投入、技术研发、创新创业等方面均走在了世界前列。而且，我国在数据资源上具有规模化和多样化优势，在互联网和移动互联网数据应用上具有后发优势，涌现出一批基于大数据应用的创新企业。

未来，数据可视化一定会更加蓬勃发展，社会各行各业对于数据可视化的需求势必推动数据可视化技术与行业迈上一个新的台阶，社会环境一定会更加有利于数据可视化的发展壮大，会有越来越多的企业需要大数据可视化分析的人才。而对有志于成为数据可视化工作的从业者而言，完全有理由相信，只有坚定理想信念，站稳人民立场，练就过硬本领，才能在将来投身强国伟业，把自身成长融入中华民族伟大复兴的历史洪流中，用激情和青春共筑伟大的中国梦。

项目总结

项目二

数据可视化过程

思政目标

- 通过学习数据可视化的原则来引导学生遵守国家法律法规
- 通过学习数据可视化的技巧来引导学生灵活运用所学到的知识

技能目标

- 能够熟悉数据可视化的流程
- 能够应用数据可视化的原则
- 能够了解数据可视化的各种组件
- 能够根据数据类型选择合适的数据可视化方式

项目导读

在对数据可视化有了基本的了解之后,就需要掌握数据可视化的流程。本项目将首先对数据可视化的流程进行讲解,接着介绍能够应用到实际的数据可视化原则,然后对数据可视化能够用到的组件进行逐一介绍,最后讲解如何根据数据类型选择合适的数据可视化方式。

任务一 数据可视化的流程与原则

任务引入

小白在对数据可视化有了基本的了解之后,发现数据可视化原来这么有趣,他对将来的数据可视化工作任务充满了期待,希望能够马上实际着手进行数据可视化的工作。但是他的部门主管让他不要着急,先要掌握数据可视化的工作流程,才能够有条不紊地开展今后的工作。那么,数据可视化要经历怎样的工作流程呢?进行数据可视化设计有哪些可供参考的原则呢?

知识准备

一、数据可视化的流程

开展数据可视化工作与其他工作一样,流程并非一成不变,但是为了简化数据可视化工作,我们需要掌握数据可视化的一般流程。数据可视化是一个系统的流程,如果以数据流向为主线,其流程可以分为数据采集、数据处理、可视化映射和用户感知4个阶段。具体的数据可视化实现流程有很多,图2-1所示为数据可视化的一般流程。

图2-1 数据可视化的一般流程

上述数据可视化的一般流程可以看作数据在经过一系列的处理步骤之后,得到可视化的结果。用户可以通过可视化的交互功能与数据进行互动,并通过自身的反馈来不断提升数据可视化的效果。下面分别对数据可视化的一般流程的4个阶段进行介绍。

1. 数据采集

数据可视化的基础是数据,数据可以通过仪器采样、调查记录等多种方式进行采集。数据采集也被称为"数据获取"或"数据收集",它是指对现实世界的信息进行提取、采样,以便产生计算机能够处理的数据的一个过程。目前,常见的数据采集的形式分为主动采集和被动采集两种。主动采集是以明确的数据需求为目的,利用相应的设备和技术手段主动采集所需要的数据,如实地调查数据、监控数据等;被动采集是以数据平台为基础,由数据平台的运营者提供所需要的数据,如电子商务数据、网络论坛数据等。被动采集可以通过网络爬虫技术来获取数据。

常见的数据采集方式是通过网络搜索,如使用特定的搜索指令快速获取个体化数据,这类可以被搜索到的数据属于主动公开的范畴。如果想要采集的数据没有主动公开,则可以依

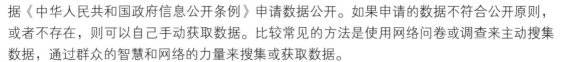

据《中华人民共和国政府信息公开条例》申请数据公开。如果申请的数据不符合公开原则，或者不存在，则可以自己手动获取数据。比较常见的方法是使用网络问卷或调查来主动搜集数据，通过群众的智慧和网络的力量来搜集或获取数据。

在通过网络采集数据之前，数据可视化的设计者必须了解知识共享的概念，这样才能够正确地使用所采集的数据。知识共享起源于美国，我国于2003年引入了数据共享（Creative Commons，CC）许可协议。在数据（作品）上使用知识共享协议，并不说明作者放弃了自己的著作权，而是在一定的条件下将部分权利授予公共领域内的使用者。

作为数据可视化的设计者，在对数据进行采集的过程中，一定要遵守国家的相关法律法规。为了规范数据处理活动，保障数据的安全，促进数据的开发和利用，我国在2021年6月10日颁布了《中华人民共和国数据安全法》。其中，在第三十二条中规定："任何组织、个人收集数据，应当采取合法、正当的方式，不得窃取或者以其他非法方式获取数据。法律、行政法规对收集、使用数据的目的、范围有规定的，应当在法律、行政法规规定的目的和范围内收集、使用数据。"在第五十二条中明确规定："违反本法规定，给他人造成损害的，依法承担民事责任。违反本法规定，构成违反治安管理行为的，依法给予治安管理处罚；构成犯罪的，依法追究刑事责任。"因此，作为国家公民和社会成员，我们应该学法、懂法、守法，在数据采集的过程中，不损害他人和社会的利益，只有养成遵纪守法的好习惯，才能更好地为国家和社会做出贡献。

在数据可视化的过程中，数据可视化的设计者一定要事先掌握数据的来源、数据采集的方法和数据的属性，这样才能够更加准确地设计出数据可视化作品。

2．数据处理

通过数据采集所得到的原始数据，一方面不可避免地含有噪声和误差，另一方面数据的模式和特征往往被隐藏，因此为了保证数据的完整性、有效性、准确性、一致性和可用性，需要对数据进行处理。数据处理是数据可视化的前期工作，其目的是提高数据的质量。数据处理通常包含数据清洗、数据集成及数据转换等步骤。下面分别对这3个步骤进行简要介绍。

1）数据清洗

数据清洗是对数据进行重新审查和校验的过程，目的在于删除重复信息、纠正存在的错误，并进行数据一致性的检查。数据清洗主要包含对缺失数据的清洗、对错误数据的清洗、对重复数据的清洗及对噪声数据的清洗等。

2）数据集成

在实际工作中，大家经常会遇到来自不同数据源的同类数据。数据集成就是把不同来源、格式、特点、性质的数据在逻辑或物理上有机地集中，从而为企业提供全面的数据共享。有效的数据集成有助于减少数据集中后的数据冲突。

3）数据转换

数据转换是将数据进行转换或归并，从而构成一个适合数据处理的描述形式。在进行数据转换时不能不顾一切地进行转换，这是因为数据转换有时会严重扭曲数据本身的内涵。

3．可视化映射

可视化映射是数据可视化流程的核心阶段，其目的是让用户通过可视化的结果去理解数据信息及数据背后隐含的规律。在该阶段中，把不同数据之间的联系映射为可视化视觉通道中的不同元素，如标记、位置、大小、长度、形状、方向、色调、饱和度、亮度等。

4．用户感知

可视化映射后的结果只有通过用户感知才能转换成信息、知识和灵感。用户从数据可视化的结果中进行信息融合，提炼、总结知识和获得灵感。通过数据可视化，用户不仅可以从数据中探索新的信息，也可以证实自己的设想是否与数据所展示的信息相符，还可以利用数据可视化的结果向他人展示数据所包含的信息。

当然，数据可视化的流程并不唯一，在数据可视化的实际应用中，会出现不同的数据可视化流程，而且随着时代的发展，数据可视化的工作者会不断优化数据可视化的工作流程。

二、数据可视化的原则

数据可视化的总原则是尽可能简单并忠实于原始数据。无论使用什么样的方法来进行数据可视化设计，最终的目的都是吸引用户并让用户快速和准确地理解数据可视化作品想要表达的内容。当然，随着时代的发展，数据可视化的手段和方法会日新月异，而数据可视化的原则也会随之发生变化。如今的大数据可视化作品，其风格、元素、配色、文字、交互等，都越来越注重用户的视觉体验。"汝果欲学诗，功夫在诗外"，对于有志于精通数据可视化的设计者，熟练操作各种数据可视化软件仅仅是开始，只有树立终身学习的观念，紧跟时代，不断学习数据可视化的相关知识，掌握新的数据可视化设计理念，提升自身的美学修养，才能够不断地推陈出新，设计出优秀的数据可视化作品。

下面简要介绍一下数据可视化的几条原则。

1．实用原则

衡量数据可视化的结果是否实用的主要参照是该结果是否满足用户的需求。在进行数据可视化设计之前，数据可视化的设计者必须清楚地了解所展示的这些数据是否是用户想要知道的，是否满足他们的切实需求。因此，在进行数据可视化设计之前，数据可视化的设计者需要与用户进行细致的沟通，以准确地了解用户的需求。虽然实用原则是用户的一个比较主观的评价指标，但这是一个非常重要的评价标准。

2．完整原则

完整原则要求可视化的数据能够提供所有可以帮助用户理解数据的信息，而不是让用户对数据的来源感到茫然，这包括呈现的是什么样的数据、该数据的背景是什么、该数据的来源是什么，等等。

3．真实原则

数据可视化的真实原则是指数据的准确性是否有据可依。真实是数据可视化作品的生命，数据只有是准确、令人信服的，才符合这一真实原则。否则，数据可视化作品即使设计美观、创意精巧，也是空洞的躯壳。

4．简洁原则

数据可视化作品中显示的数据越多，用户能够获取的数据可能就会越少。在数据可视化的过程中，要尽量避免内容太多、太复杂，导致数据过载和视觉焦点分散。用户如果无法在众多的数据内容中找到重点，则可能会因找不到重点而放弃阅读。一个数据可视化作品要突出一个重点，只有一条主线，这样用户才可能不会分心，因此，简洁原则需要数据可视化的设计者删除无关的元素，尤其是图表中多余的数据、不必要的标签、繁杂的装饰、喧宾夺主的效果、复杂的坐标、华丽的背景，等等。简洁原则还可以延伸至对数据进行筛选的操作。如果选择显示的数据过少，则会使用户无法全面地理解信息；如果选择显示的数据过多，则会造成用户的思维混乱。

5. 格式塔原则

格式塔是德文"Gestalt"的音译，由于格式塔原则描述了人们在视觉上如何感知对象，因此其成了视觉可视化设计的基本原则。格式塔原则认为，视觉形象首先是作为统一的整体被认知的，然后才以部分的形式被认知。即我们人类的视觉是整体的，我们的视觉系统会自动对视觉输入构建结构，并在神经系统层面上感知形状、图形和物体，而不是只看到互不相连的边、线和区域。通过对格式塔原则的学习和掌握，设计者可以懂得如何规划视觉表达，才能使视觉可视化作品更易于被人们理解和接受。下面介绍格式塔原则在视觉可视化设计中应用比较广泛的几条原则。

1）接近原则

在通常情况下，人们在进行视觉感知时，会把在距离上互相接近的元素趋于组成一个整体。元素之间的距离越近，被视作整体的概率就会越大，如图2-2所示。因为3组圆的两个小圆之间的距离比较接近，所以一般我们首先看到的是3组圆，而不是6个独立的小圆。因此，在视觉可视化设计中，可以通过设计一定的间距和空间来对元素进行区分和规划。

接近原则作为格式塔原则的首要原则，它的影响非常大，有时甚至大到可以忽略其他原则。例如，如果我们将图2-2中的圆改变颜色，甚至改变其形状，人们还是会把互相接近的元素看作一个整体。

2）相似原则

人们通常会把在某一方面（如大小、颜色、形状等）相似的元素看作一个整体或归为一类，如图2-3所示，形状相同的元素会被归为一类。因此，在视觉可视化设计中，对元素的大小、颜色、形状、内部纹理等进行设计，就可以进行视觉上的归类。

3）闭合原则

闭合原则是指人们总是会自动地尝试将不连贯的图形补充完整，从而将其感知为完整的物体，而不是分散的碎片，如图2-4所示，在人们的眼中这是一个三角形，而不是多条线段。在视觉可视化设计中，设计者可以将完整的图形进行巧妙的切断处理，让人们去想象闭合图形，这样可以引起阅读者的兴趣。

图2-2　接近原则

图2-3　相似原则

图2-4　闭合原则

4）连续原则

连续原则是指当人们发现一个视觉规律后，倾向于将对象按照规律延续下去。凡是具有连续性或共同运动方向的元素都容易被视为一个整体，如图2-5所示，人们会不自觉地将这个图形看作一条从左下方向右上方延伸的曲线和一条从左上方向右下方延伸的曲线。

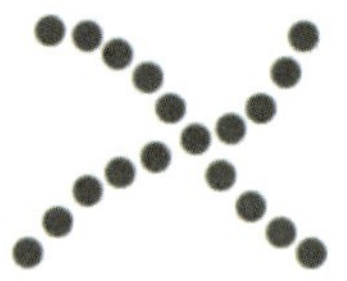

5）对称原则

对称原则是指人们总是倾向于将物体视为围绕其中心形成的对称形状。这种将有序强加于混乱是我们的潜意识行为，而对称会给我们带来一种稳固和有序的感觉，如图2-6所示，即使没有那条水平的对称线，我们也很容易将其归类为对称的图形。因此，在进行可视化设计时，我们要讲究视觉的平衡，不能一部分画面过于拥挤，而另一部分画面又过于空旷。

图2-5　连续原则

格式塔原则对于可视化设计有很多有益的启示，我们应该以一种直观的、绝大多数用户更容易理解的方式进行数据可视化设计，这样才能够设计出符合人们的认知心理的数据可视化作品。

6. 交互原则

简单的数据可以采用基本的可视化形式，而复杂的数据则需要采用较为复杂的可视化形式。展示复杂数据的可视化作品应该能够提供一系列的交互手段，使用户可以按照自己的需要交互地展示所需的数据。总之，数据可视化的设计者要站在普通用户的角度，在可视化系统中加入符合用户思维方式的交互方式，让普通用户也能够与数据交互，探寻数据的价值。

图2-6　对称原则

7. 聚焦原则

数据可视化的设计者应该通过适当的方式，将用户的注意力集中到数据可视化结果中的最重要区域，以便用户在"第一眼"就被数据可视化结果中的最重要区域吸引，并能够快速、准确地理解该数据可视化结果想要表达的含义。通过高亮显示来帮助用户在大量的数据中立刻找到重点，或者将一个复杂的图表分解成几个较小的图表，都比较符合聚焦原则。

任务二　数据可视化设计

任务引入

在掌握了数据可视化的流程与可供参考的原则之后，小白想到，就如厨师制作色香味俱全的一道菜需要食材一样，如果在数据可视化设计中，也有可供选用的组件，那么自己就能够按照数据可视化的原则进行搭配组合，很快设计出自己的数据可视化作品了。那么，数据可视化设计中有哪些组件可供选用呢？又该如何根据数据进行可视化设计呢？

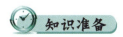

一、数据可视化设计组件

可视化是从原始数据到各种图形的飞跃。所谓数据可视化，其实就是根据数值，用标尺、颜色、位置等各种视觉暗示的组合来表现数据。深色和浅色的含义不同，二维空间中右上方的点和左下方的点的含义也各不相同。数据可视化设计组件犹如数据可视化设计的各种原材料，只要合理地选用并进行组合，一定会对数据可视化设计大有裨益。

在选择数据可视化设计组件的过程中，我们可以通过计算机软件的帮助，但是如果我们不了解数据可视化的原理及整合、修饰数据的方式，也就无法有效地操作软件。经验丰富的数据可视化设计者能够巧妙地搭配各种数据可视化设计组件，设计出自己心目中理想的数据可视化作品。基于数据的可视化组件可以分为4类：视觉暗示、坐标系、标尺和背景信息。数据可视化作品大都是通过数据和这4类组件所创建的，这些组件在数据可视化作品中可能会融为和谐的一体，也可能会彼此互相影响，破坏整体效果。下面对数据可视化设计组件进行具体介绍。

1. 视觉暗示

数据可视化的核心内容是将数据信息映射成为可视化元素，其中包括用形状、颜色和大小来编码数据，而具体选择使用什么则取决于数据本身和目标。数据可视化的设计者必须根据设计目的来选择合适的视觉暗示，并正确使用。图2-7所示为常用的视觉暗示。

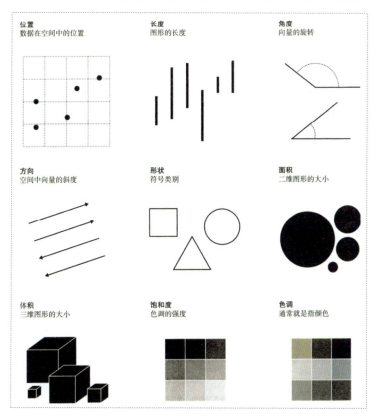

图2-7　常用的视觉暗示

1)位置

当使用位置作为视觉暗示时,可以比较给定空间或坐标系中数值的位置。它的优势是它所占用的空间比其他视觉暗示占用的空间要少,劣势是当有大量的数据点时,很难分辨出每一个数据点分别表示什么,如图 2-8 所示。在观察散点图时,可以通过一个点的 x 坐标和 y 坐标及该点与其他点的相对位置来判断一个数据点。

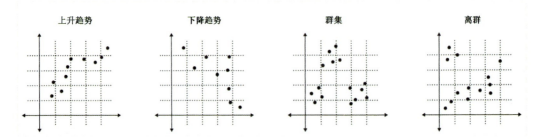

图 2-8 散点图

2)长度

长度通常用于条形图中。矩形越长,绝对数值越大。不同方向上,如水平方向、垂直方向或圆的不同角度上都是如此。在使用长度时,要注意长度是从图形的一端到另一端的距离,因此,如果想要用长度比较数值,就必须显示出图形的两端。否则得到的最大值、最小值及其间的所有数值都是有偏差的。

下面的图 2-9 分别给出了错误使用和正确使用长度作为视觉暗示的示例。之所以左图中两个数值的矩形长度看上去有巨大的差异,是因为数值坐标轴从 32% 开始,导致上面的矩形长度是下面矩形长度的两倍多。而右图中的数值坐标轴从 0% 开始,数值差异才符合事实。

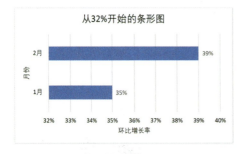 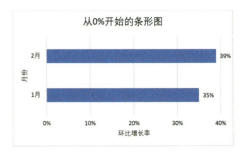

图 2-9 错误的条形图(左)与正确的条形图(右)

3)角度

角度的取值范围为 0~360 度,其可以是 360 度的圆,也可以是小于 90 度的锐角、90 度的直角、大于 90 度的钝角、180 度的直线。0 度到 360 度之间的任何一个角度,都隐含着一个能和它组成完整圆形的对应角,这两个角被称作共轭。这就是在饼图中通常使用角度作为视觉暗示来表示整体中某一部分的原因。虽然圆环图经常被一些软件归类为饼图,但是圆环图的视觉暗示是弧长,这是因为可以表示角度的圆心已经被切除了。

4)方向

方向是坐标系中一个向量的方向,可以指向所有方向,用来帮助测定斜率。通过方向,我们可以表示数据的增长、下降和波动。而对变化大小的感知在很大程度上取决于标尺,我们可以放大比例让一个很小的变化看上去很大,也可以缩小比例让一个巨大的变化看上去很小。如果变化很小但却很重要,为了突出差异,就应该放大比例。

5)形状

形状通常被用在地图中,以区分不同的对象和分类。地图中的任意一个位置可以直接映射到现实世界,所以用图标来表示现实世界中的事物是合理的。比如,我们可以用一些树表示森林,用一些房子表示住宅区。例如,在下面的图 2-10 中,在散点图中应用三角形和正方形,通过使用不同的形状来提供更多的信息。

6)面积和体积

大的物体代表大的数值。长度、面积和体积分别可以用在二维和三维空间中表示数值的大小。二维空间通常用圆形和矩形,三维空间一般用立方体或球体。我们也可以更为详细地标出图标和图示的大小。在使用面积和体积时需要注意,不能使用一维(如高度)来度量二维、三维的物体,却保持了所有维度的比例,这样会导致图形过大或过小,无法正确比较数值。比如,我们用正方形这一具有两个维度(长度和宽度)的形状来表示数据,数值越大,正方形的面积就越大。如果一个数值比另一个大 50%,则正方形的面积也要大 50%,而不能把正方形的边长增加 50%,否则正方形的面积将增加 125%,而不是 50%。

7)颜色

颜色视觉暗示可以分为 3 类:色调(色相)、饱和度(纯度)和明度(亮度),如图 2-11 所示。色调(又称色相)是指颜色的相貌和特征,就是通常所说的颜色的种类和名称,如红色、绿色、蓝色等。不同的颜色通常用来表示分类数据,每个颜色代表一个分组。饱和度(又称纯度)是指颜色的鲜艳程度。饱和度越高,图像表现得越鲜艳;饱和度越低,图像表现得越暗淡。明度(又称亮度)是指颜色的明亮程度,即颜色的深浅、明暗的变化。在使用颜色作为视觉暗示时要时刻考虑到色盲人群,确保所有人都可以对图表进行解读。

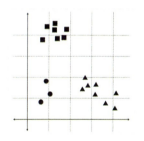

图 2-10　应用了不同形状的散点图　　　　图 2-11　颜色视觉暗示

在使用颜色作为视觉暗示时,还需要注意颜色给人带来的视觉感受。颜色本身没有冷暖的温度差别,但是颜色会引起人们对冷暖感受的心理联想,如图 2-12 所示。暖色系的颜色是以橘色为中心的色群,它们通常会使人联想到炎热的夏季、火红的鲜花等。例如,黄色代表青春、乐观、豁达,常被作为点睛之笔;红色代表活力、速度、紧迫感,常用于庆祝、警醒、提示等。冷色系的颜色是以蓝色为中心的色群,它们通常会给人以寒冷、清爽、收缩的感受。例如,蓝色代表悠远、宁静、理智;绿色代表生命、新鲜、和平,适用于表现商业、科技、学习等方面的内容。暖色、纯度和明度高的色彩对人的视网膜及脑神经刺激较强,会加快血液循环,让人心潮澎湃,产生兴奋感;相反,冷色、纯度和明度低的色彩对人的视网膜及心理作用较弱,让人的心绪平稳,产生沉静感。

2. 坐标系

在编码数据时，需要把物体放到一定的位置。有一个结构化的空间，还有指定图形和颜色画在哪里的规则，这就是坐标系，它赋予 x 坐标和 y 坐标或经度和纬度以意义。图 2-13 所示为直角坐标系（也称笛卡儿坐标系）、极坐标系和地理坐标系，这 3 种坐标系基本可以满足大多数的需求。

图 2-12　冷色与暖色

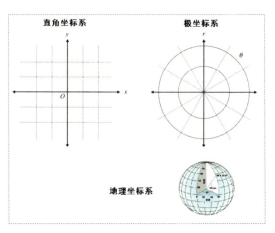

图 2-13　直角坐标系、极坐标系和地理坐标系

1）直角坐标系

直角坐标系是常用的坐标系。在平面内画两条互相垂直并有公共原点的数轴，其中横轴为 X 轴，纵轴为 Y 轴，交点为原点，坐标值指示到原点的距离。直角坐标系还可以向多维空间扩展，如可以用（x,y,z）来表示三维空间中的任意一个点。

2）极坐标系

极坐标系是指在平面内由极点、极轴和极径所组成的坐标系。在平面上取定一点 O，称为极点。从点 O 出发引一条射线，称为极轴。通常规定角度取逆时针方向为正。极坐标系没有直角坐标系的应用广泛，但是在角度和方向很重要时会使用极坐标系。

3）地理坐标系

位置数据的最大好处就在于它与现实世界的联系，所以通过地理坐标系可以映射位置数据。位置数据的形式有许多种，但通常都是用纬度和经度来描述分别相对于赤道和子午线的角度，有时还包含高度。纬度线是东西向的，标识地球上的南北位置。经度线是南北向的，标识地球上的东西位置。高度可以被视为第三个维度。相对于直角坐标系，纬度就好比水平轴，经度就好比垂直轴，也就相当于使用了平面投影。绘制地表地图的关键是要在二维平面上显示球形物体的表面。有多种不同的实现方法，这些实现方法被称为投影。目前常用的投影方法有九种，分别是等距圆柱投影、等角圆锥投影、正弦投影、圆锥投影、正投影、亚尔勃斯投影、墨卡托投影、温克尔投影和罗宾森投影。

3. 标尺

坐标系指定了可视化的维度，而标尺则指定了在每一个维度中数据映射到哪里。标尺有很多种，并且设计者也可以用数学函数定义自己的标尺。图 2-14 所示为常用的标尺，可以满足大多数场合的需要。下面分别对数字标尺、分类标尺和时间标尺做具体介绍。

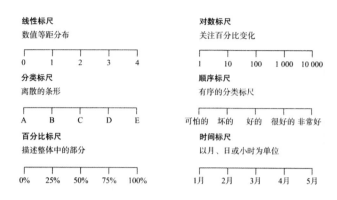

图 2-14 常用的标尺

1）数字标尺

数字标尺包含线性标尺、对数标尺和百分比标尺。线性标尺上的数值等距分布；对数标尺是随着数值的增加而压缩的，一般用于数值的范围很广的场合；百分比标尺通常也是线性的，用来表示整体中的部分时，最大值是 100%。

2）分类标尺

分类标尺为不同的分类提供视觉分隔，通常和数字标尺一起使用。分类间的间隔是随意的，和数值没有关系，通常会为了增加可读性而进行相应的调整。

3）时间标尺

时间是一个连续的变量，因此我们可以把时间数据画到线性标尺上，也可以将其划分为月份或星期，作为离散的变量进行处理。

4．背景信息

如果数据可视化产品的用户对数据不熟悉，则为用户提供有用的背景信息会尤为重要。背景信息可以使数据更清晰（帮助用户更好地理解与数据相关的"5W"信息，即何人、何事、何时、何地、为何），并且能正确引导用户。最容易、最直接的方法就是标注坐标轴、制定度量单位，或者直接告诉用户每一种视觉暗示表示什么，否则数据在被抽象出来后，可能会使人无法理解。当然，设计者选择的视觉暗示、坐标系和标尺都可以提供隐含的背景信息。总之，进行数据可视化设计的目的之一就是要使数据更容易被大多数人所理解，因此提供背景信息的作用不言而喻。

5．对数据可视化设计组件进行整合

当我们准备好了各种数据可视化设计组件时，就可以根据需要选择并将其应用到我们的数据可视化作品中。当我们单独看这些数据可视化设计组件时，它们只是一些几何图形而已，可是如果把它们组合起来，就可以得到完整的可视化图形。例如，如果在一个直角坐标系中，水平轴上用分类标尺，垂直轴上用线性标尺，使用长度作为视觉暗示，我们就可以得到条形图。如果在一个地理坐标系中使用位置信息，我们就可以得到地图中的一个个点。如果在一个极坐标系中，半径用百分比标尺，旋转角度用时间标尺，使用面积作为视觉暗示，我们就可以绘制出极区图。

数据可视化是一个抽象的过程，需要把数据映射到几何图形和颜色上。从技术角度上看，这很容易做到，可难点在于，数据可视化的设计者需要知道什么形状和颜色最合适，以及画在何处和画多大的尺寸。视觉暗示是用户看到的主要部分；坐标系和标尺可使其结构化，创造出空间感；背景信息则给数据赋予了生命，使其更贴切，更容易被理解，从而更有价值。经验丰富的设计者绝不会胡乱地把视觉暗示、坐标系、标尺和背景信息无序地放在一件数据可视化作品中。

二、根据数据进行可视化设计

数据可视化要根据数据的特性选择合适的可视化方式，将数据直观地展现出来，以帮助人们理解数据，同时找出包含在海量数据中的规律或信息。这就需要我们不是先形成视觉形式，再找数据，而是应该反过来，先有数据，再根据所拥有的数据进行可视化设计。为了更好地进行数据可视化，我们可以将数据分为分类数据、时序数据、空间数据、多变量数据四大类。

1．分类数据的可视化

分类数据是指反映事物类别的数据。在数据分析中，我们常常依据特定的标准将人群、地点和其他事物进行分类。例如，按照性别可以将人口分为男、女两类；按照分数可以将学生的考试成绩分为不及格、及格、良好、优秀四类；按照年龄段可以将人口分为幼儿、少年、青年、成年、老年。通过诸如此类的分类方式所得到的数据被称为分类数据。对于分类数据，我们可以选择如图2-15所示的几种表达方式。

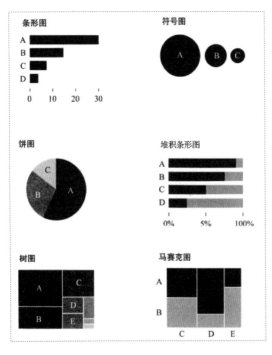

图2-15 分类数据的可视化方式

1）条形图

条形图是显示分类数据的常用方式，它使用长度作为视觉暗示，有利于直接对数据进行比较。每个矩形代表一个分类，矩形越长，绝对数值就越大。条形图的局限性在于每个矩形都要从零坐标开始，而且只能横向或向上径直延伸。条形图在视觉上等同于一个列表，每一个矩形都代表一个数值，设计者可以用不同的矩形和图表来区分。设计者可以将长度作为视觉暗示，把矩形画在线性标尺上；也可以使用不同的标尺和图形来表示同样的数据。

因为人的视觉更容易关注图表的上面，所以建议将重要的数据显示在条形图的上半部分。与未排序的条形图相比，降序排列的条形图更容易让用户准确理解数据想表达的含义，如图2-16所示。如果重要的数据是最小值或其他需要关注的特殊值，也可以将这类数据的矩形显示在条形图的上半部分。在使用条形图时，为了让用户更容易抓住重点，要尽可能地去掉可有可无的元素（如图2-16中删除了X轴和网格线），使图表更简洁。条形图的条目数一般要求不超过30条，否则容易带来视觉和记忆上的负担。

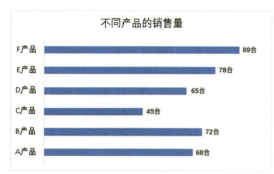 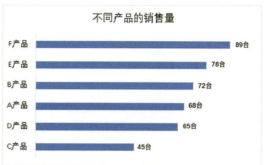

图 2-16 未排序的条形图（左）与降序排列的条形图（右）

2）符号图

符号图可以替代条形图，但是由于要通过符号的大小来对比数据，因此不利于区分细微差别。

3）饼图

在饼图中，完整的圆表示整体，每个扇形都是其中的一部分。所有扇形的总和等于100%。在这里，使用角度作为视觉暗示。在使用饼图时，分类不宜过多，否则饼图会乱成一团，由于一个圆的空间有限，因此小数值往往就成了细细的一条线。由于人眼对面积的大小不敏感，因此饼图不适合数据的精确比较，当饼图中的各个分项的比例相差不大时，应考虑用柱形图来代替饼图。

在使用饼图时，建议将饼图中占比最大的分项放在12点钟（将饼图看作一个正常摆放的钟表）的右侧，然后按照各分项的占比依次顺时针降序排列。对比图 2-17 中的左图（无序饼图）与右图（有序饼图），用户更容易在有序饼图中发现占比最大的分项，显示其重要性。当然，也可以在12点钟的左侧依次逆时针降序排列占比第二至占比最小的分项，根据人眼从上至下浏览的习惯，将占比大的前两个分项放在上面，其他占比小的分项放在下面，便于用户发现占比较大的分项，如图 2-18 所示。如果想重点强调某一个分项，则可以突出显示该分项，如图 2-19 所示。由于三维饼图对用户的视觉干扰比较大，容易歪曲各分项的占比，因此建议少用三维饼图。

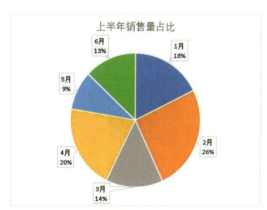 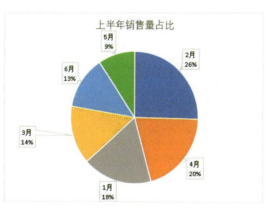

图 2-17 无序饼图（左）与有序饼图（右）的对比

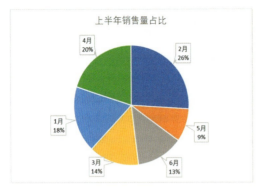

图 2-18 占比大的分项在上面的饼图

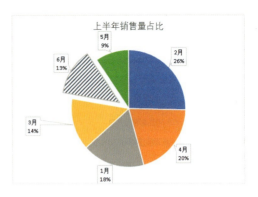

图 2-19 突出某一个分项的饼图

4) 堆积条形图

堆积条形图一般用于展示不同类别数据之间的占比构成，常常能起到很好的对比效果。堆积条形图与并排显示的分组条形图不同，堆积条形图将每个矩形进行分割以显示相同类型下各个数据的大小情况。堆积条形图可以形象地展示一个大分类包含的各个小分类的数据，或者各个小分类占总分类的对比。堆积条形图可以分为一般堆积条形图和百分比堆积条形图。需要注意的是，如果矩形上的分类太多，则会导致数据很难进行区分对比，不利于数据的展示和观察。例如，对 A 产品、B 产品、C 产品进行用户调查，将产品的使用满意度按照不满意、一般、满意三类进行统计，每个产品的满意度人数占比如图 2-20 所示，可以看出，相比于 B 产品和 C 产品，对 A 产品满意的用户的占比更大一些。

5) 树图

树图主要通过使用面积、颜色作为视觉暗示来展示数据之间的层级和占比关系。树图可以在紧凑的空间中显示层次结构，矩形的面积代表数据的大小。

6) 马赛克图

马赛克图强大的地方在于它允许在一个视图中进行跨分类的比较，能够很好地展示出两个或多个分类的关系。图 2-21 所示为某台电脑的硬盘空间使用情况，从该马赛克图中可以比较清楚地看到该台电脑的硬盘中所存储的各类文件所占硬盘空间的比例。

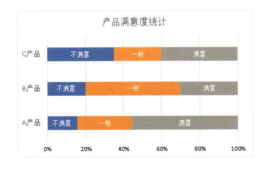

图 2-20 堆积条形图示例

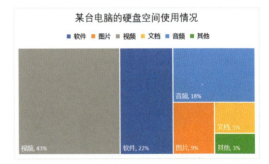

图 2-21 马赛克图示例

2. 时序数据的可视化

时序数据（也称时间序列数据）是指按照时间顺序记录的数据列。例如，某网站每小时的用户访问量，某地区每天的最高温度，某公司每月的利润，某国家每年的国民生产总值，等等，诸如此类按照时间顺序记录的指标所对应的数据都可以称为时序数据。

无论是延续性还是暂时性的时序数据，可视化的最终目的就是从中发现趋势。看到过去发生了什么，哪些数据在保持不变，数值的变化是在上升还是下降，造成这些变化的原因是什么，是否存在周期性的循环，等等，想要找出这些变化中存在的规律，就必须纵观全局，只有在了解整个数据变化的来龙去脉之后，才会对这些数据产生更深刻的理解和认识。对于时序数据，我们可以选择如图 2-22 所示的几种表达方式。

1）柱形图

柱形图采用长方形的形状和颜色编码数据的属性。柱形图简明、醒目，是一种常用的统计图表。柱形图一般用于显示一段时间内的数据变化，柱形越矮则数值越小，柱形越高则数值越大。另外需要注意的是，柱形的宽度与相邻柱形的间距会决定整个柱形图视觉效果的美观程度，建议柱形的宽度不小于相邻柱形间距的两倍。如果柱形的宽度小于相邻柱形的间距，则会使用户的注意力集中在空白处而忽略了数据，所以合理地选择柱形的宽度是很重要的。图 2-23 所示为柱形宽度不合理的柱形图。

当数据较多时，为了区分数据而需要为每个柱形设置一个颜色，多颜色虽然会吸引用户的注意力，但是用户的关注点可能会被吸引到颜色上，而不是数据及数据之间的关系上。因此，建议在同一色系内选择不同的色相，或者

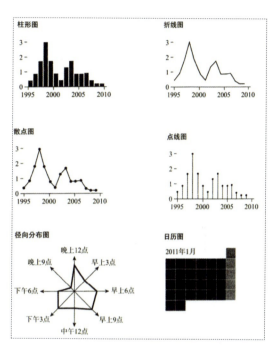

图 2-22　时序数据的可视化方式

选择相同的色相，但是明度或饱和度不同。为了强调某一个数据，可以使用对比色或图案填充等方法来突出显示某个柱形，如图 2-24 所示。

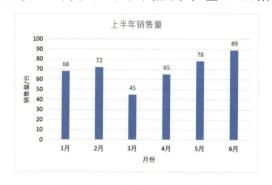

图 2-23　柱形宽度不合理的柱形图

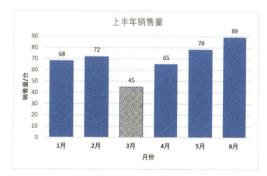

图 2-24　突出显示某个数值的柱形图

2）折线图

折线图是用直线段将各数据点连接起来而组成的图形，以折线的方式来显示数据的变化趋势。在折线图中，沿水平轴分布的是时间，沿垂直轴分布的是需要表达的数据。由于线条

可以使数据的变化趋势更加明显，因此折线图更适用于表现趋势。

折线图不适合显示 4 条以上的折线，否则交织在一起的折线会让人无法看出数据之间的对比和差异，凌乱的折线反而干扰了可读性。折线图必须包含零点，即 X 轴和 Y 轴都必须包含零值，否则容易造成理解的偏差。另外，在使用折线图时，需要注意横轴长度会影响展现的曲线。如果折线图中的横轴过短，则会使整个曲线比较夸张；如果拆线图中的横轴过长，则用户有可能看不清楚数据的变化。图 2-25 所示为不同的横轴长度对视觉效果的影响。

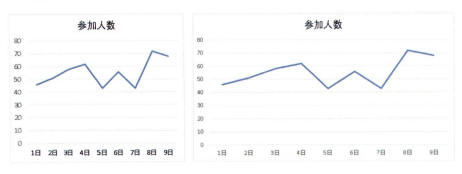

图 2-25　不同的横轴长度对视觉效果的影响

3）散点图

散点图就是由一些散乱的点组成的图，每个点的所在位置是由其 X 坐标和 Y 坐标确定的，所以也称 XY 散点图。散点图一般用于显示两组数据之间的相关性，没有相关性的数据一般不建议使用散点图。另外必须有足够多的数据才能使用散点图，如果数据量过少，则很难描述数据的相关性。一般来讲，数据越多，数据越集中，散点图的效果越好。如果离散点过多，则说明数据的相关性差，就不建议使用散点图来表达。如果需要对散点进行分类，则可以通过颜色或不同的线条或图案进行区分。图 2-26 所示为某班级女生身高与体重分布图，通过散点图的形式，可以清楚地了解该班级所有女生身高与体重的分布情况。

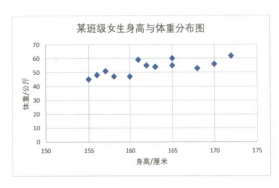

图 2-26　散点图示例

4）点线图

点线图可以使用户的注意力更聚焦在端点上。

5）径向分布图

径向分布图与折线图类似，但是围成了一圈，每个方向的向量代表不同的时间，各个向量的长度代表数据。

6）日历图

日历图中的日历坐标系用于在日历中绘制图表，它能够轻松地与其他类型图表结合。例如，可以在日历坐标系上放置热力图、散点图、关系图等。图 2-27 所示为日历坐标系与热力图的结合示例。

3. 空间数据

空间数据是指用来表示空间实体的位置、形状、大小及其分布特征等诸多方面信息的数据，它可以用来描述来自现实世界的目标，具有定位、定性、时间和空间关系等特性。

空间数据是一种用点、线、面及实体等基本空间数据结构来表示人们赖以生存的自然世界的数据。空间数据比较容易理解，因为每个人都有所处的空间位置，而且空间数据存在自然的层次结构。

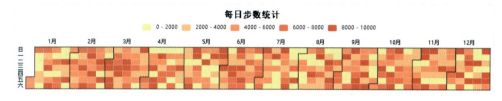

图 2-27　日历坐标系与热力图的结合示例

空间数据和分类数据很像，只是其中包含了地理要素，因此表达空间数据最简单的方法就是使用地图，把数值都放入地理坐标系中。在使用地图表达空间数据时，为了维护个人隐私，防止出现个人住址泄露的情况发生，通常要在发布数据前对空间数据进行聚合。

等值区域图也是在某个空间背景信息中可视化空间数据时常用的方法。这种方法使用颜色作为视觉暗示，不同区域根据数值填色。数值大的区域通常用饱和度高的颜色，而数值小的区域则用饱和度低的颜色。

4．多变量数据

多变量数据是指每个数据对象都有两个或两个以上独立或相关属性的数据。多变量数据通常以表格的形式出现，表格中有多个列，每一列代表一个变量。多变量数据经常用来研究变量之间的相关性，即用来找出影响某一指标的因素有哪些。例如，计算机的主板、中央处理器、内存、磁盘容量、显卡、声卡、网卡等参数，其中每个参数都描述了计算机的一个属性，所有参数组成的配置就是一个多变量数据。

有一些可视化方法能让设计者在一个视图中探索研究多变量数据。也就是说，所有的数据都在一个视图中显示，用于解读各个变量之间的关系，研究每个变量的变化趋势。然而，变量之间的关系通常不是那么直观的，并非总能清晰地看出上升或下降趋势，因此我们需要使用更有效的可视化方法来展示多变量数据。下面介绍一些常用的多变量数据可视化的方法。

1）平行坐标

平行坐标能够在二维空间中显示更高维度的数据，它以平行坐标替代垂直坐标，是一种重要的多变量数据可视化分析工具。平行坐标不仅可以揭示数据在每个属性上的分布，还可以描述相邻两个属性之间的关系。但是，平行坐标很难同时表现多个维度之间的关系，因为其坐标轴是顺序排列的，不适合表现非相邻属性之间的关系。为了便于用户理解各数据维度之间的关系，可以更改坐标轴的排列顺序，或者交互地选取部分感兴趣的数据对象，并将其高亮显示。

在使用平行坐标时，每个点用线段连接，每条垂直的线表示一个属性，一组连接的线段表示一个数据点，可能是一类的数据点会更加接近。图 2-28 所示为平行坐标示例，该平行坐标显示了每日进店人数、浏览人数、收藏人数和购买人数的变化。

2）雷达图

雷达图是通过从同一点开始的轴上表示三个或更多个定量变量的二维图形的形式来显示多变量数据的图形方法。可以将雷达图看作平行坐标的极坐标的形式，轴的相对位置和角度通常不具有信息。数据对象的各个属性值与各属性最大值的比例决定了每个坐标轴上点的位置，将这些坐标轴上的点用折线进行连接，其大小形状则反映了数据对象的属性。图 2-29 所示为雷达图示例，该雷达图显示了预算与实际花销的对比。

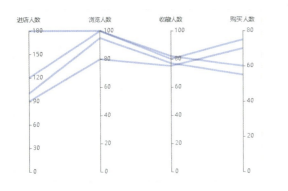

图 2-28　平行坐标示例

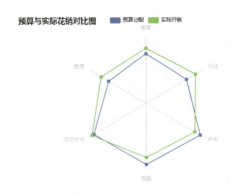

图 2-29　雷达图示例

雷达图不适合显示三组以上的数据序列，因为一个数据序列产生一个多边形（数据对象的维度就是多边形的边数），大量的多边形容易产生填充区域的覆盖或边的交叉。虽然可以使用颜色来区分多个多边形，但是总体容易让人视觉混乱，很难快速对比数据的优劣。

雷达图适合比较 3~6 维变量的数据序列，既适合查看单个类别的发展均衡情况，也便于对比两个或更多类别的优劣。因为每个类别都有一根从中心向外发射的轴线，如果类别超过 6 个，则产生的轴线太多，容易导致用户难以阅读和区分数据；如果类别过少，则多边形的边数会过于稀少，图表简单，美观度又不足。雷达图同样不适用于对数据的精确比较。

3）散点图

对多变量数据进行可视化，一个常用的方法是使用散点图。对于两个以上维度的数据，可以使用散点图矩阵。这些散点图根据它们所表示的属性，沿横轴和纵轴按照一定的顺序排列，组成一个矩阵。图 2-30 所示为年龄、体重和肺活量指标的散点图矩阵。

随着数据维度的不断扩展，所需要的散点图的数量也会急剧增长，而将过多的散点图显示在有限的平面内会导致用户难以阅读，因此要优先显示重要性较高的散点图。

4）降维

当数据维度非常高时，可能目前的各类可视化方法都无法将所有的数据细节清晰地呈现出来。在这种情况下，一般可以通过线性或非线性的变换，将多变量数据映射到低维的空间中，并保持数据在多维空间中的特征，这种方法被称为降维。降维之后的数据，可以通过常用的可视化方法进行呈现。

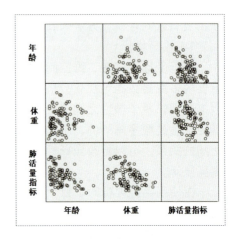

图 2-30　散点图矩阵示例

三、数据可视化设计的技巧

进行数据可视化设计就是为了降低理解数据的门槛，帮助人们理解抽象的数据。在对数据进行观察和研究之后，就需要用图表的方式向用户展示研究的结果，那么设计者就需要确

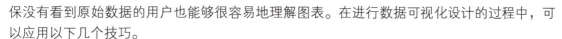

保没有看到原始数据的用户也能够很容易地理解图表。在进行数据可视化设计的过程中，可以应用以下几个技巧。

1）建立视觉层次，突出重要部分

在看任何东西时，人的眼睛总是趋向于识别那些引人注目的东西，如明亮的颜色、较大的物体，以及比较突出的人或物。这也是我国交通安全标志的警告标志颜色通常使用黄底、黑边、黑图案的原因。设计者可以利用这些特点来可视化数据，既可以使用醒目的颜色突出显示数据，淡化其他视觉元素，把它们当作背景，也可以使用线条和箭头引导视线移向兴趣点。这样就可以建立起一个视觉层次，帮助用户快速关注到数据图形的重要部分，而把周围的部分都当作背景信息。而对于没有视觉层次的图表，用户就需要花时间进行搜寻了。

2）合理编码数据，增强可读性

在通过视觉映射对数据进行编码后，形成可视化作品，阅读者就可以通过对形状和颜色进行解码，得出见解或理解图形所表达的内容。如果设计者没有清楚地描述数据，画出可读性强的数据图，则形状和颜色也就失去了其价值。如果图形和相关数据之间的联系被切断，则数据可视化作品就变成了一个几何图形而已。设计者必须维护好视觉暗示和数据之间的纽带，因为数据连接着图形和现实世界。设计者要合理编码数据，组织好形状、颜色及其周围的空间，增强数据可视化作品的可读性。

3）允许数据点之间进行比较

允许数据点之间进行比较是数据可视化的主要目标。在数据可视化作品中，应该可以看出一个数值与其他数值之间的关联有多大，以及所有数据点之间是如何彼此相关的。如果不能满足这个基本需求，则进行的数据可视化设计就失去价值了。

4）描述背景信息

背景信息能够帮助用户更好地理解可视化数据。背景信息能够提供一种直观的印象，并且增强抽象的几何图形及颜色与现实世界的联系。设计者可以在数据可视化作品周围的文字中引入背景信息，也可以用视觉暗示和设计元素把背景信息融入数据可视化作品之中。

5）适当留白

大量的图形和文字拥挤在一起，会让一幅图看起来混乱不清，如果这时在它们中间留一些留白，则往往会使图表变得容易阅读。设计者可以用留白在一幅图中分隔图形，也可以用留白划分出多个图表。留白和主要元素之间要有明显的差异，否则会失去留白的作用。

项目总结

项目三

数据可视化工具

思政目标

➢ 通过介绍国内的数据可视化工具来增强学生的"四个自信"
➢ 通过选用合适的数据可视化工具来培养学生现实生活中的选择能力

技能目标

➢ 能够掌握有哪些数据可视化工具可供选用
➢ 能够简单操作在线的数据可视化工具
➢ 能够通过数据可视化工具的官网自学更多的知识

项目导读

"磨刀不误砍柴工",在正式进行数据可视化设计之前,我们很有必要了解一下有哪些数据可视化工具。在本项目中,把数据可视化工具分为需要编程和无须编程两大类,并将首先对无须编程的数据可视化工具进行介绍。如果我们想做一套自己设计的交互可视化图表来处理大量数据,或者通过加载 API(Application Programming Interface,应用程序接口)来完成数据可视化设计,就需要学习一门编程语言。接下来,本项目将对需要编程的数据可视化工具进行简要说明。

项目三 数据可视化工具

任务 了解数据可视化工具

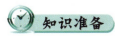

小白在掌握数据可视化的过程之后，对今后的工作更有底气了。部门主管曾告诉过他，想要进行数据可视化，必须有称手的工具才行。那么，目前有哪些数据可视化工具可供小白选用呢？各种数据可视化工具各有什么优点和不足呢？小白需要从哪种工具开始进行数据可视化分析呢？

知识准备

在对数据可视化的过程有了基本的了解之后，很多读者也都十分希望能够马上去创作出自己的数据可视化作品。"工欲善其事，必先利其器"，在开始进行数据可视化设计之前，首先要了解有哪些数据可视化工具可供选择。现在我们就对这些工具进行简单的介绍。

随着大数据时代的到来，数据可视化分析已经被广泛应用到各行各业，由于数据可视化需求的增长，数据可视化工具也如雨后春笋般蓬勃发展，视觉元素越来越丰富，展现效果越来越绚丽，应用的门槛也越来越低。如今，在数据可视化方面，有大量的工具可供选用，但是选择哪种工具最适合，这将取决于数据及可视化数据的目的。有些软件可以快速上手，但是由于这些软件是为了能让更多的人处理自己的数据，因此或多或少进行了泛化。如果我们想根据自己的需要进行更有特色的数据可视化设计，就需要学会编程，而编程必须花时间来学习一门新的编程语言。最佳的选择是根据自己的需要将某些工具组合起来使用，以创作出心目中理想的数据可视化作品。

如果我们将数据可视化工具进行一个简单的分类，则会有两大类：无须编程的数据可视化工具和需要编程的数据可视化工具。目前，随着数据可视化的日益普及，涌现出了越来越多无须编程的数据可视化工具，其中还有很多在线的数据可视化工具，无须在计算机上进行安装，就可以在线制作数据可视化作品。下面我们对这两类数据可视化工具进行简单的介绍，以便根据需要选择使用合适的数据可视化工具。

一、无须编程的数据可视化工具

无须编程的数据可视化工具可以分为两类：一类是在线的数据可视化工具，另一类则是专业的数据可视化工具。

在线的数据可视化工具的使用非常简单，它们通常会为用户提供大量数据可视化使用场景及海量的模板。用户只需选择相应的模板，然后输入数据，很快就可以制作出一件数据可视化作品。用户可以通过应用这些工具，借鉴它们的配色、排版，从而提升自己的数据可视化设计经验。

专业的数据可视化工具的使用难度为中等，面向的对象比较广泛，可视化效果非常好，图表也非常的美观,给用户所提供的设计自由度为中等。专业的数据可视化工具软件中也包含一些办公类软件,如 Excel 中就包含数据可视化的诸多功能。

1．在线的数据可视化工具

1）Infogram

Infogram 通过提供模块化的制作方式和丰富的精美模板,让普通用户也能通过在线的 Web 网页,仅用简单几步就制作出自己的数据可视化作品。Infogram 除了提供免费的基础版本,还提供专业版本、企业版本等。

2）Piktochart

Piktochart 是一个基于 Web 的数据可视化应用程序,它允许没有丰富经验的用户使用主题模板来轻松制作专业级的信息图表。Piktochart 的一个重要特征是它对 HTML 格式动态图表网页的发布能力,此外,它还提供添加交互式地图、图表、视频和超链接的工具。

3）Plotly

Plotly 是一款在线的科学绘图、数据分析的软件,功能强大,既可以绘制简单的条形图、散点图、饼图、直方图,也可以绘制复杂的图表,还可以支持 3D 图表。

4）Canvas

由于上面介绍的 3 款在线的数据可视化工具都是英文版的,英文基础不好的用户使用起来存在一定的困难,而 Canvas 提供了中文版。Canvas 提供了丰富的模板,输入数据就可以获得即时结果,在柱状图、折线图、饼图等不同图表类型之间切换时,也无须担心数据丢失。

5）百度图说

百度图说提供了折线图、柱状图、饼图、散点图、气泡图、雷达图、漏斗图、仪表盘等类型的图表,内含 ECharts 代码。图 3-1 所示为百度图说中的条形图示例,通过数据编辑页面,即可创建所需的条形图。

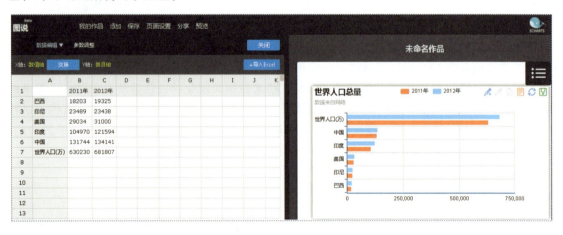

图 3-1　百度图说中的条形图示例

2．专业的数据可视化工具

为了进行专业的数据可视化分析,从连接数据到可视化输出提供一整套解决方案,市场上出现了很多专业的数据可视化工具。由于各个公司的技术实力不同,产品功能强弱也不同。一般来讲,除了提供数据的可视化,这类工具一般还注重数据库连接、数据分析处理及数据挖掘，表现出一整套的商业数据分析逻辑。下面介绍几款常见的专业的数据可视化工具。

1）Excel

Excel 是 Microsoft 公司开发的 Office 系列办公软件中的一个组件。直观的界面、出色的计算功能和图表工具，再加上成功的市场营销，使 Excel 成为非常流行的个人计算机数据处理软件。用户可以使用 Excel 制作电子表格，通过其强大的函数库，可以完成复杂的数据运算及数据分析和预测。利用 Excel 的图表功能，用户可以直观、快捷地查看及分析数据，并可以对数据进行可视化处理。最新版本的 Excel 从操作界面到功能都进行了进一步的更新，包括对操作界面的进一步优化、更好的计算功能及更加丰富的内置函数等，为用户提供了强大的数据运算及数据分析平台。

（1）Excel 的工作界面。

Excel 的工作界面由标题栏、快速访问工具栏、功能区、编辑栏、工作区、工作表标签、状态栏等组成，如图 3-2 所示。

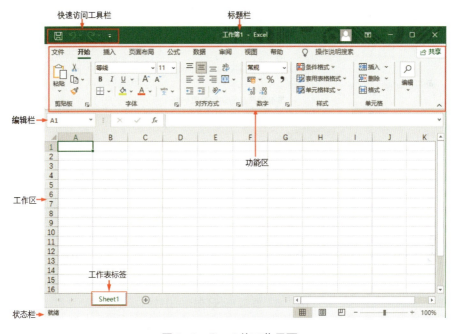

图 3-2　Excel 的工作界面

（2）Excel 在数据可视化方面的应用。

用户可以通过 Excel 来制作各种精美的图表，如柱形图、饼图、树状图、旭日图等。图 3-3 所示为使用 Excel 制作的柱形图，图 3-4 所示为使用 Excel 制作的气泡图，图 3-5 所示为使用 Excel 制作的饼图，图 3-6 所示为使用 Excel 制作的树状图，图 3-7 所示为使用 Excel 制作的雷达图。

2）Tableau

Tableau 最初是斯坦福大学一个计算机科学项目的成果，该项目旨在改善分析流程并让人们能够通过可视化更轻松地使用数据。Tableau 在 2019 年被 Salesforce 公司收购，如今从非营利组织到全球化企业，Tableau 在各行各业的组织中得到了广泛的应用。

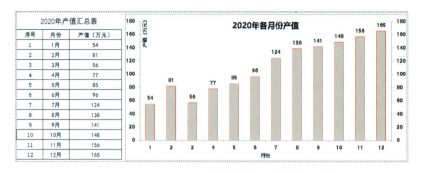

图 3-3 使用 Excel 制作的柱形图

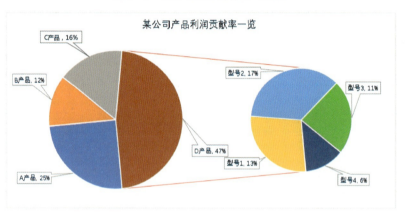

图 3-4 使用 Excel 制作的气泡图

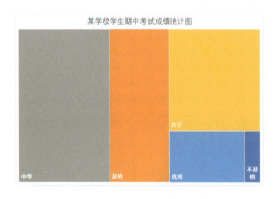

图 3-5 使用 Excel 制作的饼图

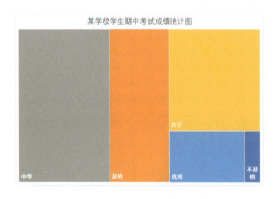

图 3-6 使用 Excel 制作的树状图

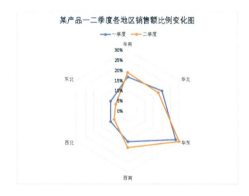

图 3-7 使用 Excel 制作的雷达图

Tableau 家族包括 Tableau Desktop、Tableau Server 等多个产品。其中经常用到的 Tableau Desktop 是一款桌面端分析工具。用户通过 Tableau Desktop 可以连接到各类数据源，然后只需用拖放的方式就可以快速地创建出交互、美观、智能的视图和仪表板。读者可以在 Tableau 官网下载其最新的版本，并获得 14 天的免费试用权限。

（1）Tableau 的工作界面。

Tableau 的工作界面由菜单栏、工具栏、卡和功能区、侧栏、视图区等组成，如图 3-8 所示。

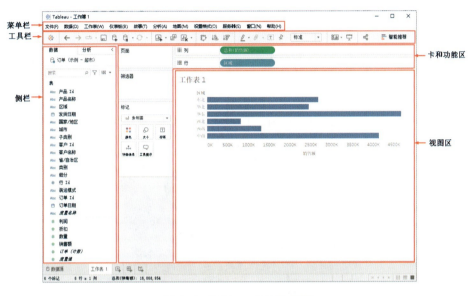

图 3-8　Tableau 的工作界面

（2）Tableau 在数据可视化方面的应用。

Tableau 支持拖放操作，可以针对多个维度的数据进行研究，选择最优的表达形式，快速完成数据的可视化设计。图 3-9 所示为使用 Tableau 制作的饼图，图 3-10 所示为使用 Tableau 制作的折线图，图 3-11 所示为使用 Tableau 制作的气泡图。

3）Power BI

商业智能（Business Intelligence，BI）泛指针对大数据的解决方案。Power BI 是 Microsoft 公司推出的一套智能商业数据分析软件，可以连接来自不同系统的上百个数据源，对数据进行提取、清理、整合、汇总、分析，并能够根据需要改变条件，即时生成美观的统计报表进行发布，帮助企业做出有效的预测和明智的决策。Power BI 整合了一系列工具，主要的 3 个工具是 Power Query、Power Pivot 和 Power BI Desktop。其中，Power Query 和 Power Pivot 基于 Excel，Power BI Desktop 独立存在。读者可以在 Microsoft 官网下载 Power BI Desktop 的安装包。

图 3-9　使用 Tableau 制作的饼图

（1）Power BI Desktop 的工作界面。

Power BI Desktop 的工作界面由快速访问工具栏、功能区、侧边栏、报表画布区、"可视化"窗格等组成，如图 3-12 所示。

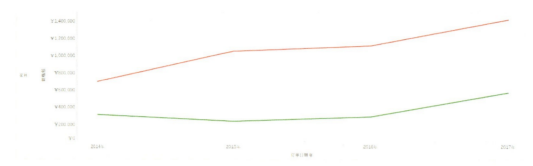

图 3-10　使用 Tableau 制作的折线图

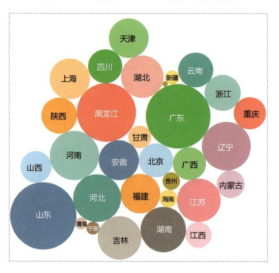

图 3-11　使用 Tableau 制作的气泡图

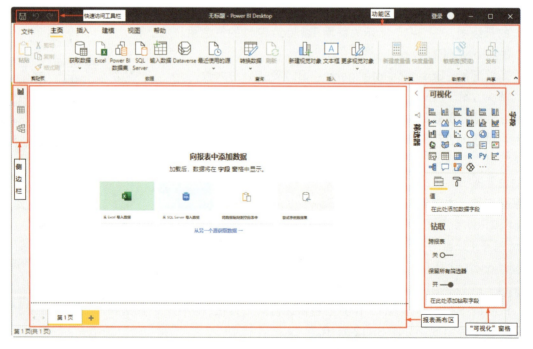

图 3-12　Power BI Desktop 的工作界面

(2) Power BI Desktop 在数据可视化方面的应用。

用户可以通过 Power BI Desktop 创建很多类型的图表。图 3-13 所示为使用 Power BI Desktop 制作的柱状图，图 3-14 所示为使用 Power BI Desktop 制作的折线图，图 3-15 所示为使用 Power BI Desktop 制作的瀑布图。

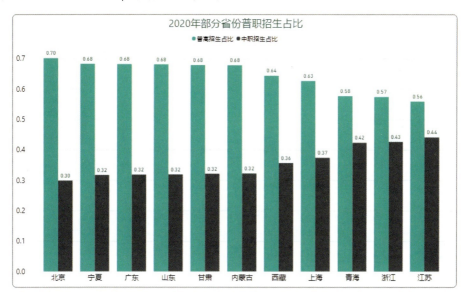

图 3-13 使用 Power BI Desktop 制作的柱状图

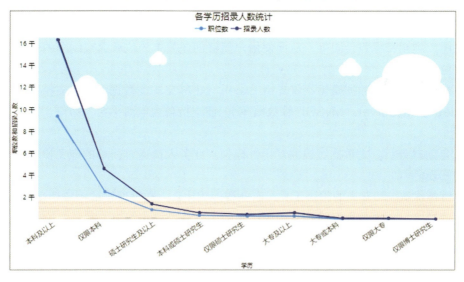

图 3-14 使用 Power BI Desktop 制作的折线图

4）QlikView

QlikView 是一款完整的商业分析软件，使开发者和分析者可以构建和部署强大的分析应用，使各种终端用户可以以一种高度可视化、功能强大和创造性的方式互动分析重要业务信息。QlikView 具有完全集成 ETL（Extract-Transform-Load 的缩写，即数据获取、转换、装载的过程）工具向导驱动的应用开发环境，拥有强大的 AQL 分析引擎和一个高度直觉化、使用简单的用户界面。

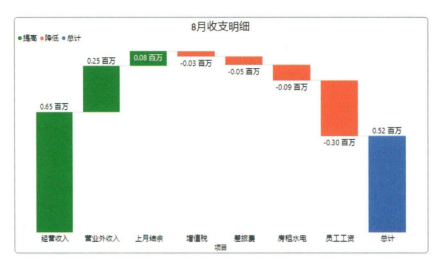

图 3-15　使用 Power BI Desktop 制作的瀑布图

QlikView 让开发者能够从多种数据库中提取和清洗数据，建立强大、高效的应用，并能够被移动用户和每天的终端用户修改后使用。QlikView 是一个可升级的解决方案，完全利用了基础硬件平台，来用上亿的数据记录进行业务分析。

5）大数据魔镜

大数据魔镜是中国的大数据可视化分析挖掘平台，它除了拥有传统商业智能报表工具所具有的功能，还具有以下几个特点：

（1）大数据魔镜拥有全国最大的可视化图形库，拥有多种可视化效果，丰富的组件库中包括示意图、地图和标签云图等，从而使用户能够创建简单的仪表盘或绚丽的商业信息图表和可视化效果。

（2）数据整合。大数据魔镜不仅支持 Excel、txt 等文本类数据源，也支持主流的数据库（如 Oracle、SQL Server、MySQL 等数据库），还支持各大电商平台、微信、微博等社会化媒体。

（3）自助式分析。大数据魔镜的易用性极强，业务人员通过简单的拖曳操作就能够制作出想要的图表。

（4）性能优势。和普通的报表工具、商业智能相比，大数据魔镜的渲染速度达到秒级别。

（5）四屏合一。大数据魔镜拥有国内领先的大屏幕可视化解决方案，完美兼容 LCD 屏、液晶屏、PAD 屏、智能手机屏幕。

（6）自动建模。大数据魔镜率先将数据建模和数据分析的过程进行可视化，用户无须编写复杂的代码即可完成数据建模。

（7）路径规划。大数据魔镜会自动选择计算的最优路径，节省一半资源。

（8）自动挖掘。大数据魔镜拥有中国最大的自动挖掘算法库，不需要编写代码，只需简单的拖曳操作就可以实现聚类分析、预测模型和关联度模型等复杂挖掘算法，发现数据之间的联系。

（9）大数据处理能力。大数据魔镜具有大数据处理能力。

用户可以登录大数据魔镜的官网，在完成免费注册后即可进行各种可视化图表的制作。

图 3-16 所示为使用魔镜制作的折线图，图 3-17 所示为使用魔镜制作的漏斗图，图 3-18 所示为使用魔镜制作的饼图，图 3-19 所示为使用魔镜进行电商数据可视化的案例。

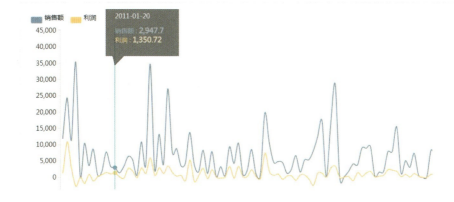

图 3-16　使用魔镜制作的折线图

图 3-17　使用魔镜制作的漏斗图　　　　　图 3-18　使用魔镜制作的饼图

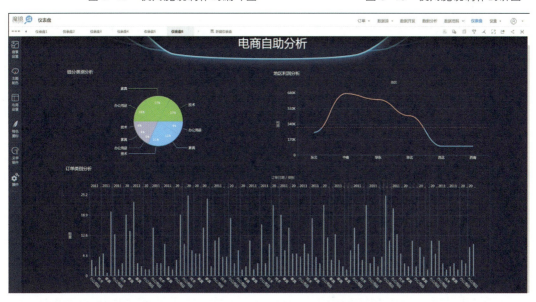

图 3-19　使用魔镜进行电商数据可视化的案例

二、需要编程的数据可视化工具

需要编程的数据可视化工具通常是某种编程语言或需要基于某种编程语言来实现，常用的有基于 JavaScript 语言的、基于 Java 语言的、基于 Python 语言的、基于 R 语言的，等等。这类工具的特点是让数据的调用更加自由，让数据处理量更大，让可视化的设计更多样。这类工具大多都是免费、开源的，可以在网络上下载安装相关的可视化组件，它们提供了完善的图形图表支持，使用者可以直接使用代码调用。其中，比较有代表性的有 ECharts、Highcharts、Python 语言、D3.js、R 语言等。

1. ECharts

1）ECharts 简介

ECharts 的全称是 Enterprise Charts，它是一款基于 JavaScript 语言的开源可视化图表库，能够流畅地运行在 PC 及移动设备上，兼容当前绝大部分浏览器。ECharts 可以为用户提供许多直观、生动、可交互、可高度个性化定制的数据可视化图表。ECharts 最初由百度团队开源，并于 2018 年初捐赠给 Apache 基金会，成为 Apache 基金会孵化级项目。2021 年 1 月，Apache 基金会官方宣布 ECharts 项目正式毕业，晋升为 Apache 基金会顶级项目。

ECharts 提供折线图、柱状图、散点图、饼图、K 线图、雷达图、热力图、关系图、路径图、树图、旭日图、仪表盘等多种图表，同时提供标题、图例、提示框、标注、时间轴、工具栏等可交互组件，支持多图表、组件的联动和混合使用。在最新的 ECharts 5 中，借助图表的动态叙事功能，用户可以更容易表达图表背后的含义。

另外，在 ECharts 的官网上提供了各种各样的示例，用户只要对代码进行修改，即可制作出所需的数据可视化图表。

2）ECharts 在数据可视化方面的应用

用户可以通过 ECharts 官网来下载其开源版本，然后就可以绘制各种图形了。图 3-20 所示为使用 ECharts 制作的折线图，图 3-21 所示为使用 ECharts 制作的瀑布图，图 3-22 所示为使用 ECharts 制作的饼图，图 3-23 所示为使用 ECharts 制作的雷达图。

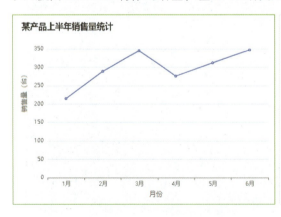

图 3-20　使用 ECharts 制作的折线图

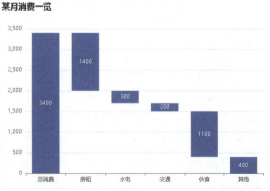

图 3-21　使用 ECharts 制作的瀑布图

 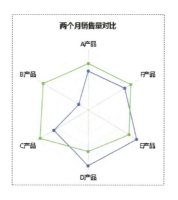

图 3-22　使用 ECharts 制作的饼图　　　图 3-23　使用 ECharts 制作的雷达图

2．Highcharts

Highcharts 界面美观，是一个使用 JavaScript 语言编写的开源 JavaScript 函数库。由于它是使用 JavaScript 语言编写的，因此，在客户端不需要安装 Flash 插件或 Java 插件就可以运行，而且运行速度快，开发人员可以利用 Highcharts 轻松地将交互式图表添加到网站或应用程序中。另外，Highcharts 有很好的兼容性，能够支持当前大多数浏览器。Highcharts 可以免费用于个人学习、个人网站和非商业用途。不过如果开发者想要在商业网站、政府网站、企业内网或项目上运行 Highcharts，则需要购买许可证，同时可以获得 Highcharts 的技术支持。Highcharts 支持的图表类型主要有曲线图、区域图、柱形图、饼图、散点图和综合图表等。

3．Python 语言

Python 是一种面向对象的动态类型语言，由于其简洁性、易读性及可扩展性而得到了广泛应用。Python 最早是由 Guido van Rossum 于 20 世纪 80 年代末和 90 年代初在荷兰国家数学和计算机科学研究学会设计出来的，目前由一个核心开发团队在维护。

Python 是完全面向对象的语言，函数、模块、数字、字符串都是对象，并且完全支持继承、重载、派生、多继承，这有利于增强源代码的复用性。Matplotlib 是第一个 Python 可视化程序库，经过十几年，它仍然是 Python 使用者常用的画图库。它的设计和在 20 世纪 80 年代设计的商业化程序语言 MATLAB 非常接近。由于 Matplotlib 是第一个 Python 可视化程序库，因此许多其他程序库都是建立在它的基础之上或直接调用它的。

4．D3.js 简介

D3 的全称是 Data-Driven Documents。顾名思义，它是一个被数据驱动的文档，其实就是一个 JavaScript 函数库，开发者可以使用该函数库实现数据可视化。由于 JavaScript 文件的扩展名通常为.js，所以 D3 也常被叫作 D3.js。D3.js 提供了各种简单、易用的函数，大大简化了 JavaScript 操作数据的难度。虽然 JavaScript 也可以实现它的所有功能，但是使用 D3.js 能够大大减少工作量。用户在使用 D3.js 处理数据之前需要对 HTML、CSS 及 JavaScript 有很好的理解。除此以外，这个 JavaScript 函数库将数据以 SVG 和 HTML5 的格式呈现，所以有些旧版的浏览器不能使用 D3.js 功能。

5．R 语言

R 语言是一个开源项目，是从大数据中获取有用信息的绝佳工具，可以在各种主流操作系统上安装使用。R 语言是绝大多数统计学家比较满意的分析工具,开源免费,具有强大的统计计算及制图能力,图形功能很强大。R 软件是 R 语言的实现环境,是一套完整的数据处理、计算和制图软件系统。R 语言是专为数据分析而设计的,使用流程也很简洁,语法通俗易懂,很容易学会和掌握,支持 R 语言的工具包也有很多,只需把数据载入 R 软件中,编写一两行代码就可以创建出数据图形。

通过以上对各种数据可视化工具的介绍,我们要认识到,虽然有一些国产的数据可视化工具,但是由于技术支撑不够强,因此与国际先进水平仍存在一定差距。为了抢占大数据产业发展制高点,我国在《"十四五"大数据产业发展规划》中提出,要补齐关键技术短板,推动自主开源框架、组件和工具的研发,因此,在今后我们一定会看到更多功能更加完备、展现能力更强、智能化程度更高的国产数据可视化工具。

项目总结

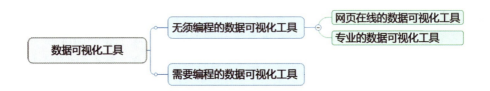

项目实战

实战:通过百度图说在线制作一个柱状图

(1)打开百度图说官网,在完成注册并登录后,单击"开始制作图表"超链接按钮,如图 3-24 所示。

图 3-24　登录百度图说官网

（2）如果是初次登录，会显示"创建图表"超链接按钮，单击该按钮，即可进入如图3-25所示的页面，单击"标准折线图"超链接按钮，即可进入标准折线图页面。

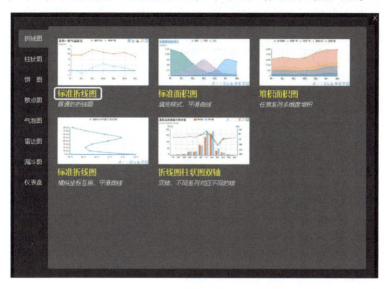

图3-25 选择图表的类型

（3）在如图3-26所示的标准折线图页面中，拖动鼠标指针至图表区域，会动态显示出一行按钮，单击其中的"数据编辑"按钮，即可进入数据编辑页面。

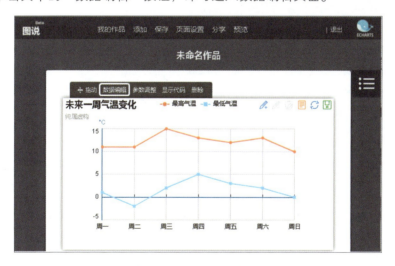

图3-26 标准折线图页面

（4）在如图3-27所示的数据编辑页面左侧的表中输入未来一周的气温变化数据，则右侧的图表就会进行实时的变化，完成数据编辑后单击"关闭"按钮，即可返回标准折线图页面。

（5）拖动鼠标指针至图表区域，在动态显示的按钮中单击"参数调整"按钮（见图3-26），即可进入参数调整页面。

（6）在如图3-28所示的参数调整页面中，首先选择"标题"→"内容"选项，然后勾选"副标题文本"复选框，最后单击"关闭"按钮，即可返回标准折线图页面。如果需要对作品进行保存,则可以单击左上方的"保存"按钮。

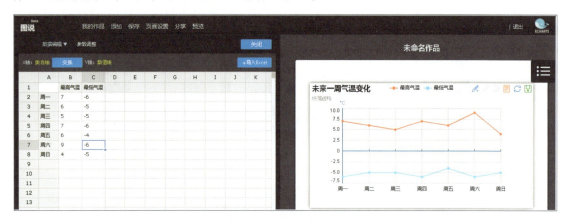

图 3-27　数据编辑页面

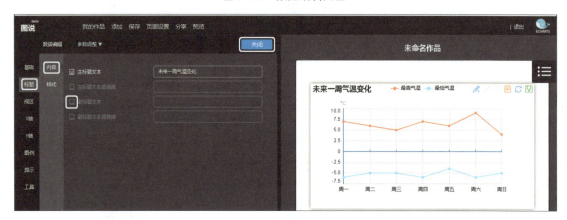

图 3-28　参数调整页面

项目四

Excel 数据可视化

思政目标

- 通过介绍 Excel 的相关知识来培养学生认真务实的态度
- 通过学习数据可视化的案例来引导学生养成严谨的工作作风

技能目标

- 能够使用 Excel 创建常用的图表
- 能够修改 Excel 的图表类型,调整图表尺寸
- 能够对 Excel 图表元素的格式进行设置
- 能够对 Excel 图表的数据区域进行重新设置

项目导读

　　Excel 是非常流行的个人计算机数据处理软件。在本项目中,将首先介绍 Excel 函数与图表相关的知识,然后对如何使用 Excel 创建柱形图、雷达图、气泡图、树状图等进行具体讲解,最后通过一个案例说明使用 Excel 创建数据可视化作品的详细步骤。

任务一　Excel 函数与图表

任务引入

通过对各种数据可视化工具的学习，小白认识到，每种工具都各有优点和不足，必须将几种数据可视化工具组合起来应用，才能够结合数据的实际又快又好地完成工作任务。小白有一定的 Office 使用基础，他决定首先使用 Excel 开始自己的工作。那么，使用 Excel 进行数据可视化分析，还需要掌握哪些与 Excel 操作相关的知识呢？

知识准备

一、Excel 的函数和公式

1. 函数和参数

函数是 Excel 分析、处理数据的一个重要手段，熟练地使用函数可以大大地提高工作效率。Excel 所提供的函数其实是一些预定义的公式，这些函数是可用于执行统计、分析等处理数据任务的内部工具。函数需要按照特定的顺序或结构对参数进行运算。用户可以直接使用函数来对某个区域内的数据进行一系列的运算。

参数既可以是常量、逻辑值，也可以是数组、错误值、单元格引用或嵌套函数，现在具体介绍如下。

- 常量：直接输入的数值、日期或文本。例如，"10.3""2018-03-25""李明"等都是常量。
- 逻辑值：逻辑值分为 TRUE（真）或 FALSE（假）两种。例如，公式"=IF(B2=C2,TRUE,FALSE)"。
- 数组：数组是有序的元素序列。在 Excel 中，可以将数组视为单元格内数据的行或列，或者行和列的组合。例如，"{1，2，3；4，5，6}"，在公式"=LEN(B2:C5)"中引用的单元格区域等。
- 错误值：形如"#N/A"和"#NUM!"的错误值。
- 单元格引用：单元格引用可以分为相对引用、绝对引用和名称引用。
- 嵌套函数：一般指一个函数是另外一个函数的参数。

2. 公式

公式是根据用户的需求对工作表中的数值进行计算的等式。在输入公式时，必须以"="开始，然后输入公式的内容。例如，公式"=IF(C2="Yes",1,2)"。在 Excel 中，公式可以由下列内容组成。

- 函数：Excel 中的一些函数，如 SUM、MAX、MIN 等。

- 单元格引用：在 Excel 中，既可以引用当前 Excel 文件中的单元格，也可以引用其他 Excel 文件中的单元格；在当前 Excel 文件中，既可以引用当前工作簿中的单元格，也可以引用其他工作簿中的单元格。例如，在公式"=SUM(Sheet1!B2:B7)"中，"Sheet1!B2:B7"引用的是 Sheet1 工作表中 B2 到 B7 之间所有的单元格。
- 运算符：公式中使用的运算符号，如"+""-""*""%"等。
- 常量：公式中直接输入的数字、日期或文本，如"6""合格"等。
- 括号：用于控制公式的计算次序。

3. 运算符及运算符的优先级

运算符用于指定要对公式中的元素执行的计算类型。运算符的优先级是指运算符的计算先后顺序，即进行运算的规则。只有掌握了运算符及运算符的优先级，才能准确地应用和理解公式的含义。

1）运算符的类型

Excel 有 4 种不同类型的计算运算符，分别是数学运算符、逻辑运算符、文本运算符和引用运算符。运算符及功能如表 4-1 所示。

表 4-1　运算符及功能

运算符	含义	类别	示例
+	加号	数学运算符	1+2，结果为 3
-	减号，负号	数学运算符	3-2，结果为 1
*	乘号	数学运算符	2*3，结果为 6
/	除号	数学运算符	6/3，结果为 2
%	百分号	数学运算符	2%，结果为 0.02
^	乘方	数学运算符	2^4，结果为 16
=	等于	逻辑运算符	2=3，结果为 FALSE；2=2，结果为 TRUE
>	大于	逻辑运算符	2>3，结果为 FALSE
<	小于	逻辑运算符	2<3，结果为 TRUE
>=	大于或等于	逻辑运算符	3>=3，结果为 TRUE
<=	小于或等于	逻辑运算符	3<=2，结果为 FALSE
<>	不等于	逻辑运算符	4<>2，结果为 TRUE
&	文本连接	文本运算符	"一年"&"二班"，结果为"一年二班"
:	区域运算符	引用运算符	(B5:C15)，生成对 B5 到 C15 之间所有单元格的引用
,	联合运算符	引用运算符	SUM(B5:B15,D5:D15)，将多个引用合并为一个引用
（空格）	交集运算符	引用运算符	B7:D7 C6:C8，生成一个对 B7:D7 和 C6:C8 这两个引用中共有单元格（C7）的引用

2）运算符的优先级

在使用运算符的过程中，有时需要使用比较复杂的公式，这时就需要注意运算符的优先级。Excel 公式的计算顺序与运算符的优先级有关。如果一个公式中的多个运算符具有相同的优先级，则按照从左向右的顺序依次运算；如果公式中的多个运算符属于不同的优先级，则按照运算符的优先级进行运算。当然，我们也可以使用括号来更改公式的计算顺序，Excel 总是优先计算括号中的表达式。运算符的优先级如表 4-2 所示。

表 4-2　运算符的优先级

运　算　符	优　先　级
区域运算符（:）；联合运算符（,）；交集运算符（　）（空格）	1
负号（−）	2
百分号（%）	3
乘方（^）	4
乘号（*）；除号（/）	5
加号（+）；减号（−）	6
文本连接（&）	7
等于（=）；大于（>）；小于（<）；大于或等于（>=）；小于或等于（<=）；不等于（<>）	8

注意

在输入公式时，Excel 可以自动识别并转换全角的等号和括号。但是在 Excel 中输入如双引号、大于号、小于号的符号时，要输入半角状态的符号，即切换为英文输入法，否则会出现"#NAME"的标识，这有可能是因公式中存在不合法的符号而导致的。

4．使用函数的步骤

在 Excel 中，可以通过使用"插入函数"对话框来插入函数、手动输入函数、复制或移动函数，以及通过使用隐藏公式来对函数进行操作。下面分别进行介绍。

1）插入函数

在最新版本的 Excel 中，对于不大熟悉 Excel 的用户来讲，可以使用"插入函数"对话框来完成函数的输入。插入函数的操作步骤如下所述。

（1）选中某一个单元格，然后单击"公式"选项卡下的"函数库"组中的"插入函数"按钮，打开如图 4-1 所示的"插入函数"对话框。

（2）在"搜索函数"文本框内输入需要做什么的简短说明，如"求和""平均值"等，然后单击"转到"按钮 转到(G) ；或者在"或选择类别"下拉列表中选择需要使用哪一类别的函数，以缩小选择范围。

（3）在"选择函数"列表框中选择任意一个函数选项，在列表框的下方将显示关于该函数的简短说明。如果需要关于该函数的更详细帮助，可以单击"有关该函数的帮助"文字链接，即可查看关于该函数的公式语法、用法及示例。

（4）这里选择"AVERAGE"函数，单击"确定"按钮 确定 ，就会打开如图 4-2 所示的"函数参数"对话框。单击"Number1"右侧的文本框，然后通过鼠标在工作簿内选择单元格或单元格区域，或者直接输入所引用的单元格或单元格区域，完成"Number1"参数的设置。如果有需要，单击"Number2"右侧的文本框，可以设置"Number2"参数。在完成所有参数的设置后，单击"确定"按钮 确定 ，即可显示对该单元格或单元格区域的计算结果。

2）手动输入函数

为了更加灵活地将函数应用在数据的处理中，许多熟练的用户会通过手动输入函数。在手动输入函数时，首先需要输入"="，然后依次输入函数的全部内容。手动输入函数的具体操作步骤如下所述。

（1）选中某一个单元格，在编辑栏内输入"="后，即可按照顺序输入函数的全部内容，如"=MAX(A2:G6)"，如图 4-3 所示。

项目四　Excel 数据可视化

图 4-1　"插入函数"对话框　　　　图 4-2　"函数参数"对话框

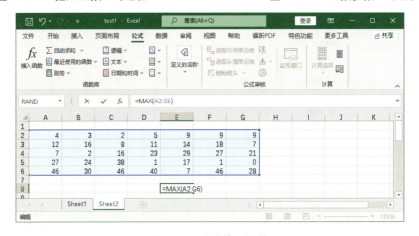

图 4-3　手动输入函数

（2）输入完成后，按键盘上的 Enter 键，即可在该单元格内显示计算结果。

3）复制或移动函数

为了减少重复输入函数的工作量，用户可以通过将函数复制或移动至目标单元格或工作表内来提高工作效率。复制或移动函数的具体操作步骤如下所述。

（1）选中需要进行复制或移动的单元格，在功能区中单击"开始"选项卡下的"剪贴板"组中的"复制"按钮 复制 或"剪切"按钮 剪切 ，复制或剪切该单元格内的函数。

（2）选中目标单元格，在功能区中单击"开始"选项卡下的"剪贴板"组中的"粘贴"按钮 ，即可将函数粘贴到目标单元格中。

🔍 提示

也可以通过快捷键来复制或移动函数，复制的快捷键是"Ctrl+C"，剪切的快捷键是"Ctrl+X"，粘贴的快捷键是"Ctrl+V"。

5．函数的类型

最新版本的 Excel 共提供了 13 类函数，分别是财务函数、日期和时间函数、数学和三角函数、统计函数、查找与引用函数、数据库函数、文本函数、逻辑函数、信息函数、工程函数、多维数据集函数、兼容性函数及 Web 函数。用户可以根据自己的需要选择使用适合的函数。

二、Excel 图表

Excel 图表是工作表中数据的一种可视化表现形式,最新版本的 Excel 提供了许多类型的图表。下面分别从 Excel 如何创建图表、美化图表和修改图表等方面对有关 Excel 图表的知识进行介绍。

1. 插入图表

选中图表中要包含数据的单元格区域,然后单击"插入"选项卡下的"图表"组右下角的"查看所有图表"按钮 ,打开"插入图表"对话框。Excel 会根据用户所选单元格区域的数值类别,为用户推荐可以绘制的图表类型。用户如果选择"所有图表"选项卡,就可以看到 Excel 提供的全部图表类型,每种图表类型还包含一种或多种子类型,如图 4-4 所示。当用户在左侧列表中选择某一种图表类型选项时,右侧将显示该类型图表的预览。

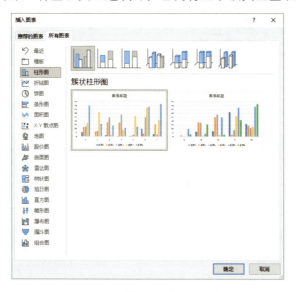

图 4-4 "插入图表"对话框

下面对 Excel 内置的图表类型进行简要介绍。

- 柱形图:柱形图用于显示一段时间内数据的变化,或者描述各项数据之间的差异,堆积柱形图用于显示各项与整体的关系,三维柱形图可以沿两条坐标轴对数据进行比较,如图 4-5 所示。在柱形图中,通常类别数据沿水平轴(即 X 轴)分布,数值数据沿垂直轴(即 Y 轴)分布。
- 折线图:折线图以等间隔显示数据的变化趋势,如图 4-6 所示。在折线图中,通常类别数据沿水平轴(即 X 轴)分布,数值数据沿垂直轴(即 Y 轴)分布。

图 4-5 柱形图示例   图 4-6 折线图示例

- 饼图:饼图用于显示一个数据系列中各项的大小与各项总和的比例,饼图中的数据显示为各项占整个饼图的百分比,如图 4-7 所示。

- 条形图：条形图用于显示各项数据的变化，或者比较各项数据之间的差别，如图 4-8 所示。在条形图中，通常类别数据沿垂直轴（即 Y 轴）分布，数值数据沿水平轴（即 X 轴）分布。

图 4-7　饼图示例

图 4-8　条形图示例

- 面积图：面积图实际上是折线图的另一种表现形式，其利用各系列的折线与坐标轴之间围成的图形，来表达各系列数据随时间推移的变化趋势，如图 4-9 所示。在面积图中，通常类别数据沿水平轴（即 X 轴）分布，数值数据沿垂直轴（即 Y 轴）分布。
- XY 散点图和气泡图：散点图有两个数值轴，沿水平轴（即 X 轴）方向显示一组数值数据，沿垂直轴（即 Y 轴）方向显示另一组数值数据（见图 4-10 中的前五项）。散点图可以按不等间距显示出数据，有时也称簇。气泡图与散点图非常相似（见图 4-10 中的后两项），但是气泡图可以增加第三个柱形来指定所显示的气泡的大小，以便表示数据系统中的数据。

图 4-9　面积图示例

图 4-10　XY 散点图和气泡图示例

- 地图：通过在地图上以深浅不同的颜色标识地理位置，实现跨地理区域分析和对比数据，如图 4-11 所示。
- 股价图：股价图用于描述股票价格走势，如图 4-12 所示。在生成这种图形时，必须注意按照正确的顺序组织工作表中的数据。
- 曲面图：曲面图实际上是折线图和面积图的另一种表现形式，它以平面来显示数据的变化情况和趋势，颜色和图案用于指出在同一个取值范围内的区域，如图 4-13 所示。
- 雷达图：雷达图专门用于对多维指标体系进行比较分析，适用于多维数据（四维以上），并且每个维度必须可以排序。雷达图中的每个分类都拥有自己的数值坐标轴，这些坐标轴由中心点向外辐射，并由折线将同一系列中的值连接起来，如图 4-14 所示。

图 4-11　地图示例　　图 4-12　股价图示例 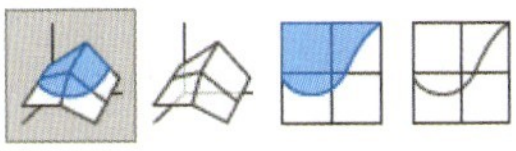　　图 4-13　曲面图示例 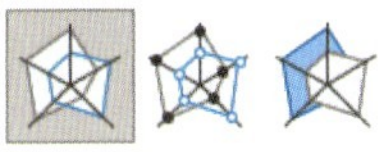　　图 4-14　雷达图示例

- 树状图：树状图是用于展现具有群组、层次关系的比例数据的一种分析工具，它通过矩形的面积、排列和颜色来显示复杂的数据关系，如图 4-15 所示。
- 旭日图：旭日图多用于展示多层级数据之间的占比及对比关系，图形中的每一个圆环代表同一级别的比例数据，离原点越近的圆环级别越高，最内层的圆表示层次结构的顶级，如图 4-16 所示。
- 直方图：直方图是用于展示数据的分组分布状态的一种图形，用矩形的宽度和高度表示频数分布，常用于分析数据分布比重和分布频率。使用方块（称为"箱"）代表各个数据区间内的数据分布情况，如图 4-17 中的左图所示。此外，还可以为已经生成的直方图增加累积频率排列曲线，代表各个数据区间所占比重逐级累积上升的趋势，如图 4-17 中的右图所示，该图也被称为排列图。

图 4-15　树状图示例　　　图 4-16　旭日图示例　　　图 4-17　直方图示例

- 箱形图：箱形图可以很方便地一次性看到一批数据的最大值、上四分位数（第 3 四分位数）、中位数、下四分位数（第 1 四分位数）、最小值和离散值，是一种查看数据分布的有效方法，如图 4-18 所示。
- 瀑布图：瀑布图采用绝对值与相对值结合的方式，适用于展示多个特定数值之间的数量变化关系，因为形似瀑布流水而被称为瀑布图，如图 4-19 所示。
- 漏斗图：漏斗图也称倒三角图，是由堆积条形图演变而来，适用于对比显示流程中多个阶段的值。在通常情况下，数值逐渐减小，从而使条形图呈现出漏斗形状，如图 4-20 所示。

🔍 **注意**

在创建漏斗图之前，应该先对数据进行降序排列。

- 组合图：组合图是将两个或两个以上的数据系列使用不同类型的图表显示，如图 4-21 所示。因此，想要创建组合图，必须至少选择两个数据系列。

图 4-18　箱形图示例　　图 4-19　瀑布图示例　　图 4-20　漏斗图示例　　图 4-21　组合图示例

2. 图表区的组成

整个图表区由绘图区、网格线、坐标轴、坐标轴标题、数据系列、数据表、数据标签、图表标题、背景墙、图例等图表元素组成，设计者可以根据需要增加或删除图表元素，如图 4-22 所示。

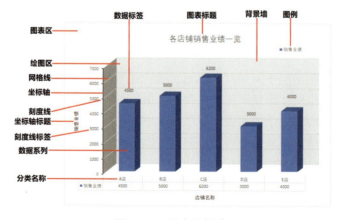

图 4-22　图表的组成

- 图表区：整个图表及其包含的元素。
- 绘图区：在二维图表中，绘图区是以坐标轴为界，包含所有数据系列的区域。在三维图表中，绘图区是以坐标轴为界，包括所有数据系列、分类名称、刻度线和刻度线标签的区域。
- 网格线：网格线是可以添加到图表中方便查看和计算数据的线条，是坐标轴上刻度线的延伸，并穿过绘图区。主要网格线标出了坐标轴上的主要间距，用户还可以在图表上显示次要网格线，用于标示主要间距之间的间隔。
- 坐标轴：在一般情况下，图表有两个用于对数据进行分类和度量的坐标轴，即分类轴（X轴）和数值轴（Y轴）。三维图表还有第三个轴（Z轴）。饼图和圆环图没有坐标轴。
- 坐标轴标题：可以输入坐标轴的名称或说明。
- 数据系列：在图表中绘制的相关数据，这些数据来自数据表格中的行和列。图表中的每个数据系列都具有唯一的颜色和图案，并且均显示在图例中。可以在图表中绘制一个或多个数据系列，饼图只有一个数据系列。
- 数据表：用于绘制图表的数据表格。
- 数据标签：可以输入数据的具体数值或对数据进行说明。
- 图表标题：用于对该图表进行说明的文本，可以与坐标轴对齐或在图表顶部居中显示。
- 背景墙：用于设置绘图区的背景，可以对绘图区的边框和填充进行设置。
- 图例：图例是一个方框，用于标识为图表中的数据系列或分类指定的图案或颜色。

注意

本书中的图表和案例中所用到的数据，都是为了说明软件的操作所编造的假数据，并非真实数据。

3．更改图表类型

图表类型的选择很重要，选择一个能最佳表现数据的图表类型，有助于更清晰地反映数据的差异和变化。更改图表类型的具体操作步骤如下所述。

（1）右击图表区，在弹出的快捷菜单中选择"更改图表类型"命令，打开如图 4-23 所示的"更改图表类型"对话框。

（2）选择需要的图表类型。

（3）单击"确定"按钮 完成修改。

4．调整图表尺寸

调整图表尺寸的具体操作步骤如下所述。

（1）选中图表，图表边框上会出现 8 个控制点。

（2）将鼠标指针移至控制点上，当鼠标指针变为双向箭头时，按下鼠标左键拖动，即可调整图表的大小。

5．设置图表背景和边框

设置图表背景和边框的具体操作步骤如下所述。

（1）双击图表的空白区域，打开"设置图表区格式"窗格，如图 4-24 所示。

（2）在"填充"区域可以设置图表背景的填充样式。

（3）在"边框"区域可以详细设置图表边框的样式。

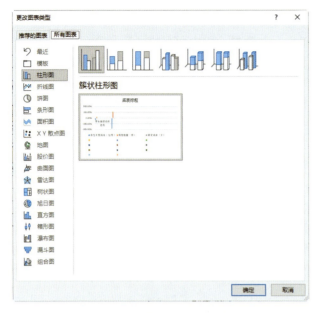

图 4-23 "更改图表类型"对话框　　　　图 4-24 "设置图表区格式"窗格

6. 设置图表元素的格式

选中图表后,图表右侧会显示 3 个按钮,分别为"图表元素"按钮 ➕、"图表样式"按钮

图 4-25 选中图表

🖌 和"图表筛选器"按钮 🔽,如图 4-25 所示。利用这 3 个按钮,可以很便捷地设置图表元素的格式。

1）设置坐标轴

双击图表中的横坐标轴或纵坐标轴,即可打开如图 4-26 所示的"设置坐标轴格式"窗格。在这里,可以设置坐标轴的类型和位置、刻度线、标签位置等选项。

如果想要设置沿坐标轴的文本格式,则可以切换到"文本选项"选项卡,如图 4-27 所示。在这里,可以设置坐标轴文本的对齐方式和旋转角度。

2）设置数据系列

（1）在图表中右击要修改的数据系列,在弹出的快捷菜单中选择"设置数据系列格式"命令,打开如图 4-28 所示的"设置数据系列格式"窗格。

（2）设置数据系列的位置和分类间距。

（3）切换到"填充与线条"选项,设置数据系列的填充和边框。

3）设置数据标签

在默认情况下,图表不显示数据标签。但是在有些实际应用中,显示数据标签可以增强图表数据的可读性,使其更直观。

（1）选中图表,然后单击图表右侧最上方的"图表元素"按钮 ➕,显示如图 4-29 所示的"图表元素"列表。

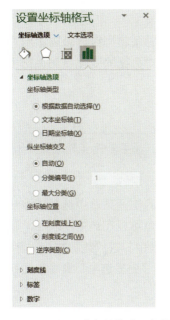

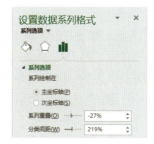

图 4-26 "设置坐标轴格式"窗格　　图 4-27 "文本选项"选项卡　　图 4-28 "设置数据系列格式"窗格

（2）勾选"数据标签"复选框。此时，图表中将显示数据标签。如果只选中了一个数据系列，则只在指定的数据系列上显示数据标签。

（3）如果默认的数据标签不满足设计需要，则可以在"图表元素"列表中单击"数据标签"右侧的级联按钮▶，在打开的级联菜单中选择"更多选项"命令，打开如图 4-30 所示的"设置数据标签格式"窗格。在这里，可以设置数据标签的填充、边框、效果、大小、对齐方式、标签选项及数字格式。

4）设置图例

双击图表中的图例，即可打开如图 4-31 所示的"设置图例格式"窗格。在这里，可以设置图例的填充、边框、效果及图例位置。

图 4-29 "图表元素"列表　　图 4-30 "设置数据标签格式"窗格　　图 4-31 "设置图例格式"窗格

5）设置趋势线

利用图表具有的功能对数据进行检测，然后以此为基础绘制一条趋势线，可以达到对以后的数据进行检测的目的。在图表中添加趋势线能够非常直观地对数据的变化趋势进行预测分析。

> **提示**
>
> 三维图表、堆积图表、雷达图、饼图不能添加趋势线。此外，如果更改了图表或数据序列，原有的趋势线将丢失。

（1）在图表中选中要添加趋势线的数据系列并右击，在弹出的快捷菜单中选择"添加趋势线"命令，打开如图 4-32 所示的"设置趋势线格式"窗格。也可以在选中图表后单击图表右侧最上方的"图表元素"按钮＋，在打开的"图表元素"列表中勾选"趋势线"复选框，单击"趋势线"右侧的级联按钮▶，然后在打开的级联菜单中选择"更多选项"命令，同样可以打开"设置趋势线格式"窗格。

（2）在"趋势线选项"区域中选择需要的趋势线类型。

Excel 提供的 6 种类型的趋势线形式各异，计算方法也各不相同，用户可以根据需要选择不同的类型。

- 指数：适合增长或降低的速率持续增加，并且增加幅度越来越大的数据情况。
- 线性：适合增长或降低的速率比较稳定的数据情况。
- 对数：适合增长或降低的速率一开始比较快，逐渐趋于平缓的数据。
- 多项式：适合增长或降低的速率波动较多的数据。
- 乘幂：适合增长或降低的速率持续增加，并且增加幅度比较恒定的数据情况。
- 移动平均：在已知的样本中选择一定样本量做数据平均，平滑处理数据中的微小波动，以更清晰地显示趋势。

（3）在"趋势预测"选区中选择前推或后推的周期。

如果想要删除趋势线，选中趋势线后按 Delete 键即可。

6）设置误差线

误差线是代表数据系列中数据与实际值偏差的图形线条，通常用于统计科学数据，常用的误差线是 Y 误差线。

（1）在图表中选中要添加误差线的数据系列。

（2）单击图表右侧最上方的"图表元素"按钮＋，在打开的"图表元素"列表中勾选"误差线"复选框，单击"误差线"右侧的级联按钮▶，然后在打开的级联菜单中选择"更多选项"命令，打开"设置误差线格式"窗格，如图 4-33 所示。

（3）设置误差线的方向、末端样式和误差量。

7. 更改图表数据区域

创建图表后，可以随时根据需要对图表进行编辑，如添加、更改和删除数据。另外，还可以更改图表的数据区域。由于添加、更改和删除数据非常容易操作，这里不再赘述。下面介绍更改图表数据区域的方法。

（1）在图表区右击，然后在弹出的快捷菜单中选择"选择数据"命令，打开如图 4-34

所示的"选择数据源"对话框。

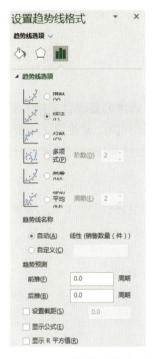

图 4-32 "设置趋势线格式"窗格

图 4-33 "设置误差线格式"窗格

（2）在"图例项(系列)"列表框中单击"添加"按钮，打开"编辑数据系列"对话框。

（3）单击"系列名称"文本框右侧的按钮，选择要添加的数据区域；单击"系列值"文本框右侧的按钮，选择要引用的数据单元格，如图 4-35 所示。设置完成后单击"确定"按钮，关闭对话框。此时，"选择数据源"对话框的"图例项(系列)"列表框中将显示添加的数据系列，上方的"图表数据区域"文本框中将显示添加数据系列后的图表数据区域。

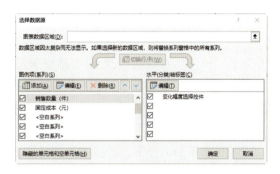

图 4-34 "选择数据源"对话框

（4）在"水平(分类)轴标签"列表框中单击"编辑"按钮，打开"轴标签"对话框，单击"轴标签区域"文本框右侧的按钮，在工作表中选择分类标签所在的数据区域，如图 4-36 所示。

图 4-35 "编辑数据系列"对话框

图 4-36 "轴标签"对话框

（5）单击"确定"按钮，返回"选择数据源"对话框，在"水平(分类)轴标签"列表框中可以看到设置的轴标签。单击"确定"按钮，关闭对话框。图表中即可显示已添加的数据系列和图例。

三、使用 Excel 整理数据

Excel 除了可以进行可视化图表的绘制，还是一款非常好用的整理数据的工具。进行数据可视化的设计者需要掌握一些数据整理的相关知识，下面就介绍如何使用 Excel 进行数据的排序、筛选等操作，将数据按照一定的规则进行整理，并为数据可视化操作做好准备。

1．数据排序

Excel 默认的排序是根据单元格中的数据进行排序，在升序排序时，Excel 使用如下的排序规则。

- 数值从最小的负数到最大的正数进行排序。
- 英文文本按照 A~Z 的顺序进行排序，并可以指定是否区分大小写，当区分大小写时，小写英文字母在前。
- 逻辑值按照 FALSE、TRUE 排序。
- 空格排在最后。
- 汉字既可以按照汉语拼音的字母排序，也可以根据汉字的笔画排序。

对数据进行排序的具体操作步骤如下所述。

（1）打开要排序的数据表，选中数据区域中的任意单元格。

（2）单击"数据"选项卡下的"排序和筛选"组中的"排序"按钮，打开如图 4-37 所示的"排序"对话框，Excel 会根据所打开的表格自动对参数进行默认设置。

（3）在"主要关键字"下拉列表中选择排序的关键字，在"排序依据"下拉列表中选择排序依据，在"次序"下拉列表中选择排序方式。

（4）单击"选项"按钮，打开如图 4-38 所示的"排序选项"对话框，在该对话框中可以设置是否区分大小写、排序方向和排序方法。

（5）单击"添加条件"按钮，可以添加新的排序条件，如图 4-39 所示，根据需要可以添加多个排序条件。完成排序条件的设置后，单击"确定"按钮，完成排序操作。

图 4-37 "排序"对话框

图 4-38 "排序选项"对话框

2. 数据筛选

筛选是查找和分析符合特定条件的数据的快捷方法，经过筛选的数据表只显示满足用户针对某列指定条件的记录，暂时隐藏不满足条件的记录。

Excel 提供了两种筛选方法：自动筛选和高级筛选。自动筛选是一种很简便的方法，基本能满足大部分的数据整理的需要。下面以案例的形式对自动筛选进行具体介绍。

图 4-39 添加新的排序条件

案例——管理办公室费用记录表

（1）新建一个工作簿，在默认新建的工作表中输入某公司办公室费用记录表中的数据，如图 4-40 所示。

（2）单击要筛选的数据表中的任意一个单元格。

（3）单击"数据"选项卡下的"排序和筛选"组中的"筛选"按钮，此时，字段名称的右侧会显示下拉按钮，如图 4-41 所示。

（4）如果只需要显示含有特定值的数据行，则可以单击含有待显示数据的数据列上端的下拉按钮，在弹出的下拉列表中进行设置，来选择所需的内容或子集分类。例如，在如图 4-42 所示的下拉列表中勾选"传真"复选框，则只显示"项目"为"传真"的记录。

图 4-40 某公司办公室费用记录表

图 4-41 筛选字段

图 4-42 勾选"传真"复选框

在自动筛选下拉列表中包括了"升序"、"降序"和"按颜色排序"这 3 种排序方式。

（5）单击"确定"按钮 ，即可显示筛选结果，如图 4-43 所示。从图 4-43 中可以看出，筛选结果的行号以蓝色显示，使用自动筛选的字段名称的右侧会显示筛选按钮 。

（6）在另一个数据列中重复步骤（4），指定第 2 个筛选条件为"财务部"，筛选结果如图 4-44 所示。

图 4-43　数据筛选结果

图 4-44　指定多个筛选条件

（7）单击要自定义筛选条件的字段名称右侧的下拉按钮，在弹出的下拉列表中选择"数字筛选"或"文本筛选"选项，打开筛选条件列表，如图 4-45 或图 4-46 所示。

图 4-45　数字筛选条件列表

图 4-46　文本筛选条件列表

 提示

如果想要筛选数据的列是数字，则打开如图 4-45 所示的条件列表；如果想要筛选数据的列是文本，则打开如图 4-46 所示的条件列表。

（8）在筛选条件列表中选择需要的条件选项，然后在打开的对话框中设置筛选条件。单击要自定义筛选条件的字段名称右侧的下拉按钮，在弹出的下拉列表中选择"数字筛选"→"自定义筛选"选项，打开"自定义自动筛选方式"对话框，设置费用条件为小于 50、大于 15，选中"与"单选按钮，如图 4-47 所示。单击"确定"按钮，筛选费用大于 15 且小于 50 的记录，并且按照降序排列，筛选结果如图 4-48 所示。

项目四 Excel 数据可视化

图 4-47 "自定义自动筛选方式"对话框　　图 4-48 筛选结果

任务二　Excel 数据可视化应用

任务引入

小白在掌握 Excel 函数与图表的知识后，决定在今后的工作中，要通过 Excel 来完成部门主管交给他的各种数据可视化的工作任务。那么，使用 Excel 创建常用图表的具体步骤是怎样的呢？如何对创建好的图表进行进一步的修改和美化呢？

知识准备

本任务以案例的形式讲解使用 Excel 创建几种常用图表的步骤。由于使用 Excel 可以创建的图表类型比较多样，此处只是列出了几种常用图表的创建方法，希望读者可以通过这些案例，举一反三，结合原始数据的实际情况，创建所需类型的图表。

一、使用 Excel 创建柱形图

案例——制作某学校各年级男女生人数对比图

柱形图通常用于显示一段时间内的数据变化或显示各项之间的比较情况。本案例以图 4-49 所示的数据来说明创建柱形图的过程。

（1）拖动鼠标指针，选中 A2:C5 数据区域，然后单击"插入"选项卡下的"图表"组中的"插入柱形图或条形图"按钮 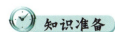，在弹出的下拉列表中单击"二维柱形图"下的"簇状柱形图"按钮，如图 4-50 所示，Excel 会自动创建一个柱形图。

（2）选中创建的图表，单击"图表设计"选项卡中的"添加图表元素"按钮，在弹出的下拉菜单中选择"图表标题"→"图表上方"命令，如图 4-51 所示，即可修改图表标题，输入"各年级男女生人数对比图"。

图 4-49 创建柱形图的数据

(3)选中图表，单击图表右侧最上方的"图表元素"按钮 +，在弹出的"图表元素"列表中勾选"数据标签"复选框，如图 4-52 所示。

(4)双击图表中的柱形，在工作区右侧弹出的"设置数据系列格式"窗格中，将"间隙宽度"调整为"100%"，如图 4-53 所示。

图 4-50 单击"簇状柱形图"按钮

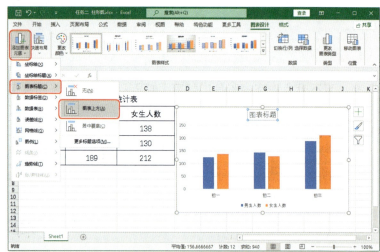

图 4-51 修改图表标题

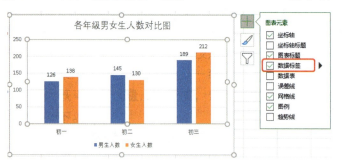

图 4-52 显示数据标签

图 4-53 调整间隙宽度

(5)选中图表中任意一个数据系列的数据标签，将其字号调整为 12 号，调整完成后的柱形图如图 4-54 所示。

二、使用 Excel 创建折线图

折线图通常用于描述连续的数据，对于标识数据趋势非常有用。本案例以图 4-55 所示的数据来说明创建折线图的过程。

(1)拖动鼠标指针，选中 A2:D14 数据区域，然后单击"插入"选项卡下的"图表"组中的"插入折线图或面积图"按钮 ，在弹出的下拉列表中单击"二维折线图"下的"带数据标记的折线图"按钮 ，如图 4-56 所示，Excel 会自动创建一个折线图。

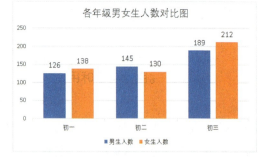

图 4-54 字号调整完成后的柱形图

图 4-55 创建折线图的数据

图 4-56 单击"带数据标记的折线图"按钮

（2）选中创建的图表，单击"图表设计"选项卡中的"添加图表元素"按钮，在弹出的下拉菜单中选择"图表标题"→"图表上方"命令，将图表标题修改为"电脑整机销量统计表"，结果如图 4-57 所示。

（3）双击垂直坐标轴，在工作区右侧弹出的"设置坐标轴格式"窗格中，将"边界"的"最大值"设置为"2000.0"，将"单位"的"小"设置为"400.0"，如图 4-58 所示，设置完成后的折线图如图 4-59 所示。

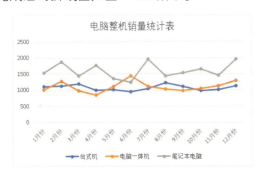

图 4-57 修改图表标题后的折线图

图 4-59 坐标轴格式设置完成后的折线图

图 4-58 "设置坐标轴格式"窗格

（4）双击图表中的任意数据系列，在工作区右侧弹出的"设置数据系列格式"窗格中，单击"填充与线条"按钮，然后单击"标记"按钮，切换至"标记"选项。单击"标记选项"按钮，展开"标记选项"列表，选中"内置"单选按钮，设置"类型"为"■"，"大小"为"7"。接着展开"填充"列表，选中"纯色填充"单选按钮，然后打开"颜色"下拉列表，将"颜色"设置为"黑色，文字1"，如图4-60所示。

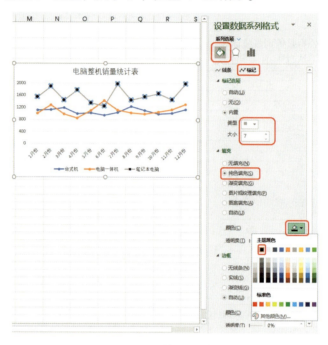

图4-60 设置数据系列的格式

（5）选择图表中的其他数据系列，进行类似步骤（4）的设置，修改完成后的折线图如图4-61所示。

三、使用 Excel 创建饼图

饼图一般用于显示数据系列中的每一项占该系列总值的百分比。本案例以图4-62所示的数据来说明创建饼图的过程。某公司共有4种产品，其中D产品创利最好，D产品共有4种型号，设计者需要通过子母饼图来显示出各产品及D产品中的各种型号为公司所创利润的比例。

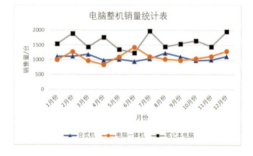

图4-61 修改完成后的折线图

	A	B	C	D	E	F	G	H	I
1	某公司各产品利润比例								
2	产品	A产品	B产品	C产品	D产品				D产品
3	型号				型号1	型号2	型号3	型号4	
4	百分比	25%	12%	16%	13%	17%	11%	6%	47%

图4-62 创建饼图的数据

（1）拖动鼠标指针，选中B4:H4数据区域，然后单击"插入"选项卡下的"图表"组中的"插入饼图或圆环图"按钮，在弹出的下拉列表中单击"二维饼图"下的"子母饼图"

按钮，如图4-63所示，Excel会自动创建一个饼图。

（2）右击创建的饼图，在弹出的快捷菜单中选择"设置数据系列格式"命令，如图4-64所示。此时，在工作区的右侧会弹出"设置数据系列格式"窗格，切换到"系列选项"选项卡后，将该窗格中"第二绘图区中的值"文本框中的数值设置为"4"，即D产品包含型号1、型号2、型号3、型号4这4个型号，如图4-65所示。

（3）此时，子饼图会自动取后4个数据进行重新分布，母饼图也会随之变化，双击图表区中的"图表标题"文本，输入"各产品利润比例"，结果如图4-66所示。

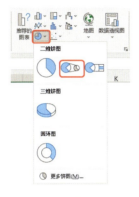

图4-63 单击"子母饼图"按钮

图4-64 选择"设置数据系列格式"命令

图4-65 "设置数据系列格式"窗格

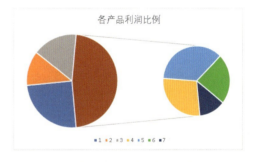

图4-66 修改图表标题后的饼图

（4）选中图表，然后单击图表右侧最上方的"图表元素"按钮，在弹出的"图表元素"列表中，取消勾选"图例"复选框，勾选"数据标签"复选框，如图4-67所示。

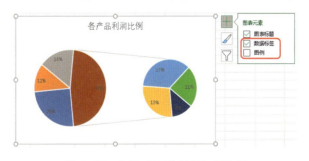

图4-67 勾选"数据标签"复选框

图 4-68 选择"插入数据标签字段"命令

（5）单击 C 产品的数据标签，会选中所有的数据标签，再次单击该数据标签，就会只选中唯一的数据标签，将鼠标指针移动到百分比数值的前面，然后右击，在弹出的快捷菜单中选择"插入数据标签字段"命令，如图 4-68 所示。

（6）在弹出的菜单中选择"[单元格]选择单元格"命令，如图 4-69 所示，在弹出的"数据标签引用"对话框中，单击含有"C 产品"文字的单元格 D2，然后单击"确定"按钮，如图 4-70 所示。

（7）该数据标签将变为"C 产品 16%"，将产品名称和百分比之间加上逗号，即修改为"C 产品，16%"，通过按住鼠标左键并拖动鼠标指针来调整该数据标签的位置，效果如图 4-71 所示。

（8）按照上面步骤（5）、（6）、（7）的方法，依次修改其他产品的数据标签，完成后的子母饼图如图 4-72 所示。

图 4-69 选择"[单元格]选择单元格"命令

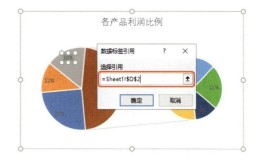

图 4-70 "数据标签引用"对话框

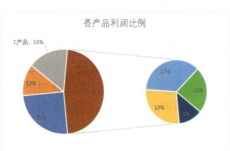

图 4-71 调整数据标签后的效果

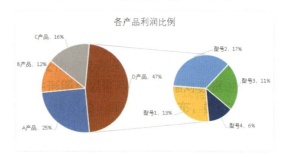

图 4-72 完成后的子母饼图

四、使用 Excel 创建雷达图

雷达图通常作为一种对多变量进行综合分析的图形。本案例以图 4-73 所示的数据来说明创建雷达图的过程。

（1）拖动鼠标指针，选中 A2:G4 数据区域，然后单击"插入"选项卡下的"图表"组右下角的"查看所有图表"按钮，打开"插入图表"对话框，切换到"所有图表"选项卡，在左侧的列表中选择“雷达图”选项，然后在右侧的 3 个雷达图类型中单击“带数据标记的雷达图”按钮，单击“确定”按钮，如图 4–74 所示，Excel 会自动创建一个雷达图。

（2）双击图表区中的“图表标题”文本，输入“2021 年各产品销售情况”，结果如图 4–75 所示。

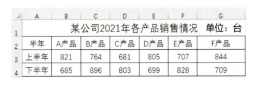

某公司2021年各产品销售情况						单位：台
半年	A产品	B产品	C产品	D产品	E产品	F产品
上半年	821	764	681	805	707	844
下半年	685	896	803	699	828	709

图 4–73　绘制雷达图的数据

图 4–74　“插入图表”对话框

图 4–75　修改图表标题后的雷达图

（3）如果对目前的图表仍不太满意，则可以选择“图表设计”选项卡，在“图表样式”组中选择一个合适的样式，即可套用相应的样式，如图 4–76 所示。

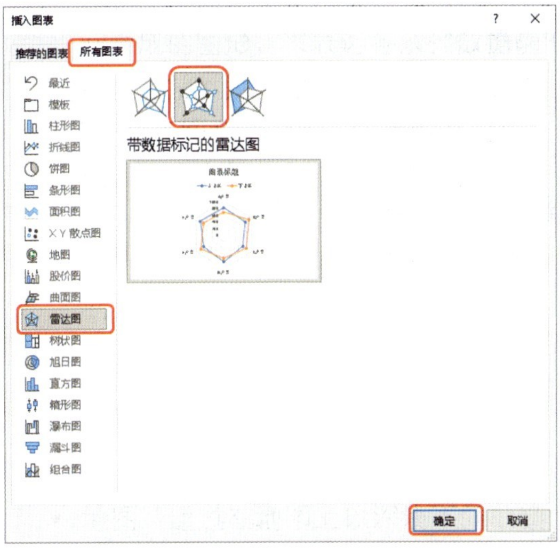

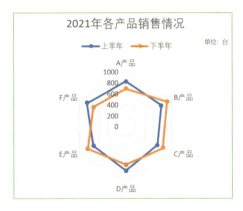

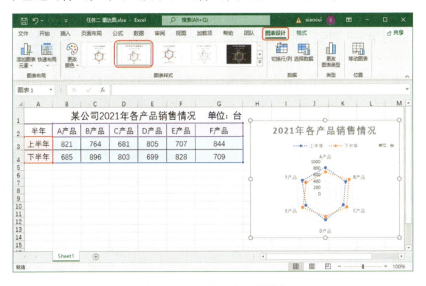

图 4–76　更改雷达图的样式

（4）如果有其他需要，则可以进一步对该雷达图进行修改和设置，读者可自行操作。

五、使用 Excel 创建气泡图

气泡图属于散点图的一种，允许在图表中加入一个表示大小的变量，可以对成组的三个数值进行比较，并且第三个数值用于确定气泡数值点的大小。本案例以图 4–77 所示的数据来说明创建气泡图的过程。某公司销售的电视机有 6 种尺寸规格，我们可以将平均单价作为 *X* 坐标轴的数据，销量作为 *Y* 坐标轴的数据，金额用气泡大小来表示，具体操作步骤如下所述。

	A	B	C	D
1	某公司电视机销售情况表			
2	尺寸规格	平均单价	销量/台	金额/元
3	32寸	1025	489	501225
4	42寸	1150	512	588800
5	46寸	1325	698	924850
6	47寸	1405	725	1018625
7	50寸	1690	612	1034280
8	60寸	1780	541	962980

图 4–77　绘制气泡图的数据

（1）拖动鼠标指针，选中 A2:D8 数据区域，然后单击“插入”选项卡下的“图表”组右下角的“查看所有图表”按钮，打开“插入图表”对话框，切换到“所有图表”选项卡，在左侧的列表中选择“XY 散点图”选项，然后在右侧的散点图类型中单击“气泡图”按钮，在下面的图表中选择第二种类型，然后单击“确定”按钮，如图 4–78 所示，Excel 会自动创建一个气泡图。

（2）双击图表区中的“销量”文本，输入“电视机销售情况”，结果如图 4–79 所示。

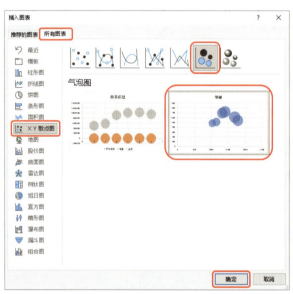

图 4–78　“插入图表”对话框

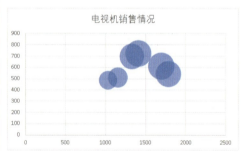

图 4–79　修改图表标题后的气泡图

（3）由于气泡过于密集，因此需要对 *X* 坐标轴进行调整。双击图表区中的 *X* 坐标轴，在工作区右侧将弹出“设置坐标轴格式”窗格，切换到“坐标轴选项”选项卡，单击“坐标轴选项”按钮，展开下面的“坐标轴选项”列表，在“最小值”文本框中输入“900.0”，在“最大值”文本框中输入“1900.0”，然后按 Enter 键确认，如图 4–80 所示。此时，*X* 坐标轴会自动进行调整。

（4）右击图表区中的气泡，在弹出的快捷菜单中选择“添加数据标签”→“添加数据标签”命令，如图 4–81 所示。

项目四　Excel 数据可视化

图 4-80　"设置坐标轴格式"窗格　　　　　图 4-81　选择"添加数据标签"命令

（5）此时，各个气泡上的数据比较混乱，难以辨别是哪个气泡上的数据，需要进行调整。右击任意数据，在弹出的快捷菜单中选择"设置数据标签格式"命令，在工作区右侧将会弹出"设置数据标签格式"窗格。在"标签位置"选区中选中"居中"单选按钮，在"标签包括"选区中取消勾选"Y 值"复选框，然后勾选"单元格中的值"复选框，如图 4-82 所示。

（6）此时会弹出"数据标签区域"对话框，拖动鼠标指针选中 A3:A8 单元格区域，然后单击"确定"按钮，如图 4-83 所示。

（7）选中任意数据标签，然后通过"开始"选项卡中的"字体"组来调整字体颜色和字号，修改后的气泡图如图 4-84 所示。

图 4-83　"数据标签区域"对话框

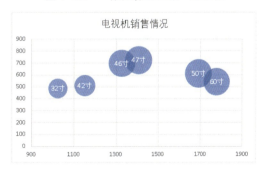

图 4-82　"设置数据标签格式"窗格　　　　　图 4-84　修改后的气泡图

（8）此时的图表不能使用户直接看出 X 坐标轴和 Y 坐标轴所代表的含义，因此需要添加坐标轴标题。选中图表，然后单击图表右侧最上方的"图表元素"按钮，在弹出的"图表

73

元素"列表中勾选"坐标轴标题"复选框,如图4-85所示。

(9)依次双击图表区中的"坐标轴标题"文本,将 X 坐标轴的标题修改为"单价(元)",将 Y 坐标轴的标题修改为"销量(台)",完成后的气泡图如图4-86所示。

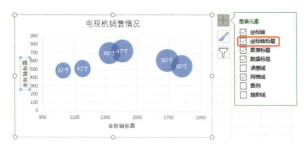

图 4-85 勾选"坐标轴标题"复选框　　　　图 4-86 完成后的气泡图

六、使用 Excel 创建堆积条形图

如果既希望能看到整体情况,又希望能看到某个分组数据的总体情况,还能看到组内组成部分的细分情况,则会应用到堆积条形图。本案例以图 4-87 所示的数据来说明创建堆积条形图的过程。

(1)拖动鼠标指针,选中 A2:G8 的数据区域,然后单击"插入"选项卡下的"图表"组右下角的"查看所有图表"按钮,打开"插入图表"对话框,切换到"所有图表"选项卡,在左侧的列表中选择"条形图"选项,然后在右侧的条形图类型中单击"堆积条形图"按钮,在下面的图表中选择第一种类型,然后单击"确定"按钮 确定 ,如图 4-88 所示,Excel 会自动创建一个堆积条形图。

图 4-87 创建堆积条形图的数据

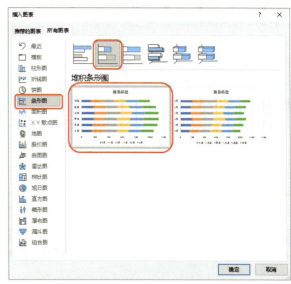

图 4-88 "插入图表"对话框

(2)双击图表区中的"图表标题"文本,输入"上半年销售情况表",结果如图 4-89 所示。

(3)选中创建的堆积条形图,单击"图表设计"选项卡下的"图表样式"组中的"样式 9",

更改图表样式，然后单击"添加图表元素"按钮，在弹出的下拉菜单中选择"线条"→"系列线"命令，结果如图 4-90 所示。

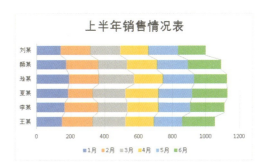

图 4-89　修改图表标题后的堆积条形图　　　图 4-90　修改图表样式后的堆积条形图

（4）选中图表，然后单击图表右侧最上方的"图表元素"按钮，在弹出的"图表元素"列表中勾选"数据标签"复选框，在各个矩形上显示出数据标签。

（5）为了突出每个月哪个业务员的销售量最高，我们对每个月销售量最高的矩形进行进一步的设置。两次单击代表业务员池某 1 月份销售量的矩形，此时只选中代表池某 1 月份销售量的矩形，然后右击，在弹出的快捷菜单中单击"形状填充"按钮，选择"纹理"→"其他纹理"命令，如图 4-91 所示。

（6）此时，在工作区右侧弹出"设置数据点格式"窗格，在"填充"选区中选中"图案填充"单选按钮，然后在"图案"选区中选择"对角线：宽下对角"选项，如图 4-92 所示，即可完成对该矩形的设置，修改后的堆积条形图如图 4-93 所示。

（7）按照上面步骤（5）、（6）的方法，依次对代表每月销售量最高的矩形进行重新设置，完成后的堆积条形图如图 4-94 所示。

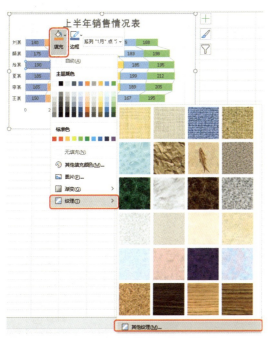

图 4-91　为 1 月份销售量最高的矩形设置填充　　　图 4-92　"设置数据点格式"窗格

图 4-93　修改后的堆积条形图

图 4-94　完成后的堆积条形图

通过对以上几种常用图表创建方法的学习，读者应该可以实际感受到，想要制作出优秀的数据可视化作品，除了需要拥有满腔的创作激情，还需要有脚踏实地的实干精神。"万丈高楼平地起"，成长没有捷径，只有打下坚实的知识功底，勇于创新，勤于实践，才能肩负起历史的使命，成为志向高远、心怀家国、堪当重任的时代楷模。

案例——制作财务费用支出预算对比图表

下面以一个具体的案例来具体讲解从数据输入到创建可视化图表的步骤。

（1）单击"文件"→"新建"→"空白工作簿"，新建一个空白的 Excel 工作簿。

（2）在 A2:D10 单元格区域中输入文本和数据，并设置对齐方式为居中，结果如图 4-95 所示。

（3）选中要进行计算的单元格，如图 4-96 所示的单元格 D3。

图 4-95　输入文本和数据并居中对齐　　　　　图 4-96　待计算的单元格

（4）在编辑栏中输入"="，然后单击要引用的第一个单元格 B3，此时，编辑栏和单元格 D3 中自动出现"=B3"，如图 4-97 所示。

（5）在编辑栏中输入运算符"/"，然后单击单元格 C3，此时，编辑栏和单元格 D3 中都会显示自动生成的公式，如图 4-98 所示。

图 4-97　引用第一个单元格　　　　　图 4-98　引用第二个单元格

注意

在输入公式时必须先输入"="，否则只将输入的内容填入被选中的单元格中。

（6）在编辑栏中单击"输入"按钮✓，或者按 Enter 键，即可得到计算结果，如图 4-99 所示。

（7）再次选中单元格 D3，将鼠标指针移动到被选中单元格的右下角，此时鼠标指标变成十字形+。

（8）按住鼠标左键向下拖动到单元格 D9，然后释放鼠标左键，即可得到计算结果，如图 4-100 所示。

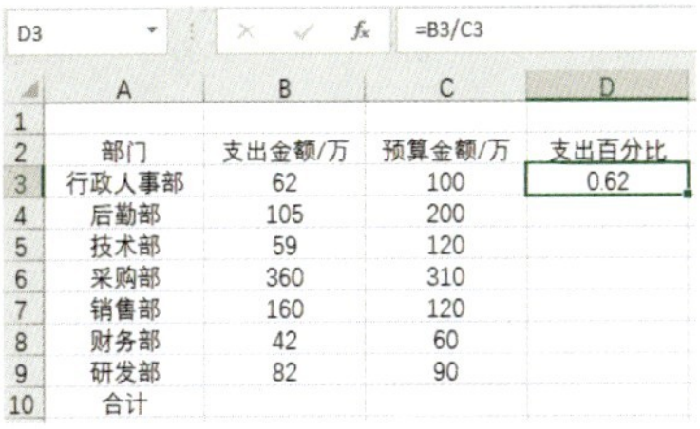

图 4-99　公式的计算结果

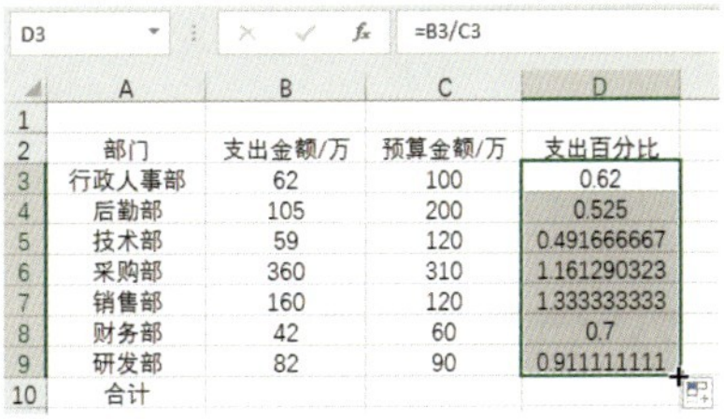

图 4-100　计算结果 1

（9）选中单元格 B10，在单元格中输入"=SUM（B3:B9）"，如图 4-101 所示。

（10）在编辑栏中单击"输入"按钮✓，或者按 Enter 键，即可得到计算结果，如图 4-102 所示。

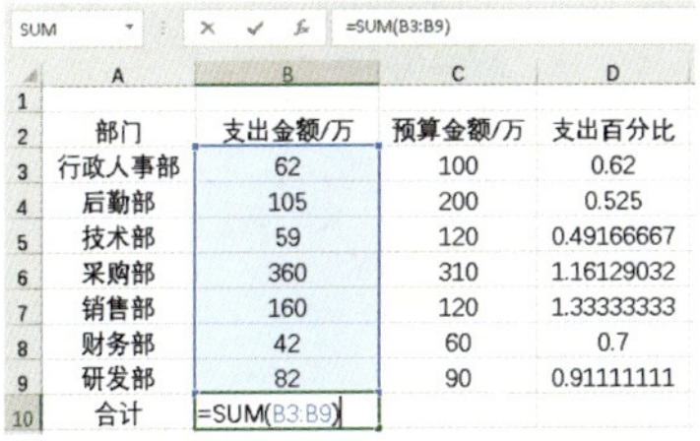

图 4-101　输入引用的单元格区域

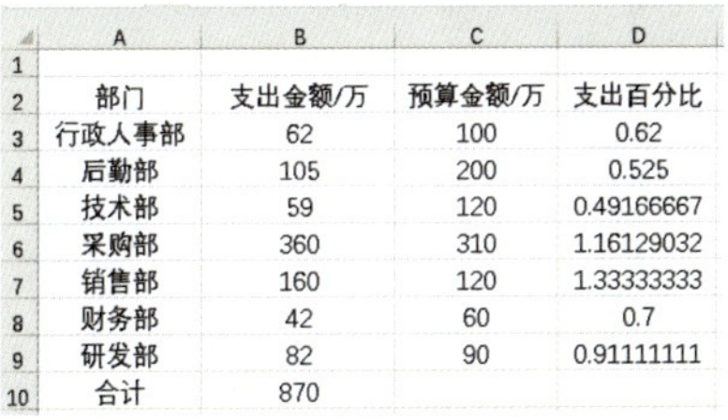

图 4-102　计算结果 2

（11）采用步骤（9）、（10）的方法，可以分别得到单元格 C10 和 D10 的数据，如图 4-103 所示。

（12）选中 D3:D10 单元格区域并右击，在弹出的快捷菜单中选择"设置单元格格式"命令，打开"设置单元格格式"对话框，在"分类"列表框中选择"百分比"选项，设置小数位数为"2"，如图 4-104 所示。单击"确定"按钮 确定 ，完成单元格格式的修改，结果如图 4-105 所示。

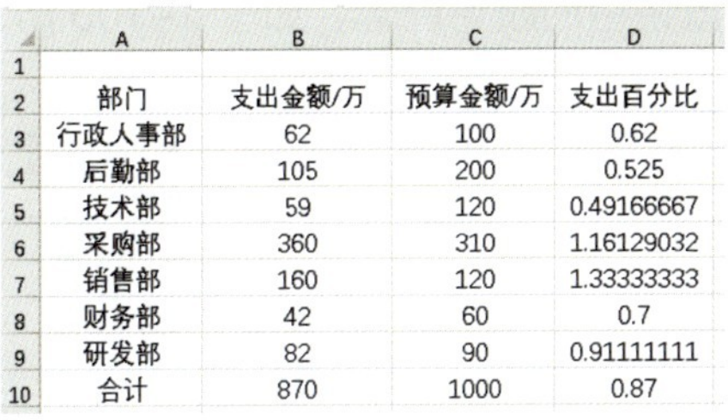

图 4-103　计算数据

（13）选中 A2:D10 单元格区域，然后单击"开始"选项卡下的"样式"组的"套用表格格式"下拉列表"中等色"中的"橙色，表样式中等深浅 10"按钮，打开"创建表"对话框，勾选"表包含标题"复选框，如图 4-106 所示。单击"确定"按钮 确定 ，选中的单元格区域应用表格样式，然后在"表设计"选项卡中取消勾选"筛选按钮"复选框，效果如图 4-107 所示。

（14）选中要创建图表的 B3:B9 单元格区域，然后单击"插入"选项卡下的"图表"组中的"插入饼图或环形图"按钮，在弹出的下拉列表中单击"二维饼图"下的"饼图"

按钮，在工作表中插入饼图，如图 4-108 所示。

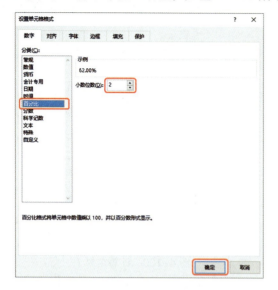

图 4-104 “设置单元格格式”对话框

	A	B	C	D
1				
2	部门	支出金额/万	预算金额/万	支出百分比
3	行政人事部	62	100	62.00%
4	后勤部	105	200	52.50%
5	技术部	59	120	49.17%
6	采购部	360	310	116.13%
7	销售部	160	120	133.33%
8	财务部	42	60	70.00%
9	研发部	82	90	91.11%
10	合计	870	1000	87.00%

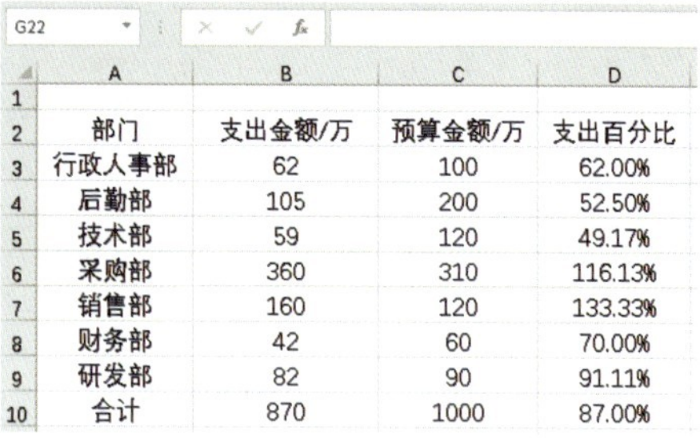

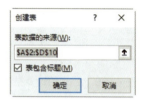

图 4-105 完成单元格格式的修改后的结果

图 4-106 “创建表”对话框

	A	B	C	D
1				
2	部门	支出金额/万	预算金额/万	支出百分比
3	行政人事部	62	100	62.00%
4	后勤部	105	200	52.50%
5	技术部	59	120	49.17%
6	采购部	360	310	116.13%
7	销售部	160	120	133.33%
8	财务部	42	60	70.00%
9	研发部	82	90	91.11%
10	合计	870	1000	87.00%

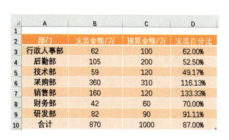

图 4-107 应用表格样式后的效果

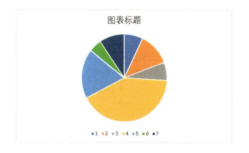

图 4-108 插入的饼图

（15）选中第（14）步中创建的饼图，然后单击“图表设计”选项卡下的“图表样式”组中的“更改颜色”按钮，在弹出的下拉列表中选择“单色”→“单色调色板 2”选项，更改饼图的颜色配置，如图 4-109 所示。

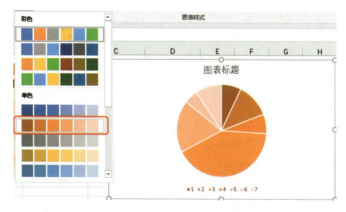

图 4-109 更改饼图的颜色配置

（16）将鼠标指针移至控制点上，当鼠标指针变为双向箭头时，按下鼠标左键拖动，调整图表的大小,使其与财务费用支出预算表下端对齐,如图 4-110 所示。

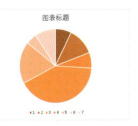

图 4-110 调整饼图的大小

(17)选中饼图,然后单击"格式"选项卡下的"形状样式"组中的"形状填充"按钮,在弹出的下拉列表中单击"主题颜色"中的"橙色,个性色 2,60%"按钮,更改饼图的背景颜色,如图 4-111 所示。

(18)选中要创建图表的 B3:D9 单元格区域,然后单击"插入"选项卡下的"图表"组中的"插入组合图"按钮,在弹出的下拉列表中单击"簇状柱形图-次坐标轴上的折线图"按钮,在工作表中插入簇状柱形图-次坐标轴上的折线图图表,如图 4-112 所示。

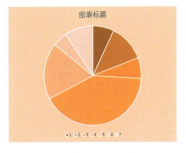

图 4-111 更改饼图的背景颜色

图 4-112 簇状柱形图-次坐标轴上的折线图

(19)选中第(18)步中创建的簇状柱形图-次坐标轴上的折线图,然后单击"图表设计"选项卡下的"图表样式"组中的"更改颜色"按钮,在弹出的下拉列表中选择"单色"→"单色调色板 2"选项,更改簇状柱形图-次坐标轴上的折线图的颜色配置,如图 4-113 所示。

(20)将鼠标指针移至控制点上,当鼠标指针变为双向箭头时,按下鼠标左键拖动,调整簇状柱形图-次坐标轴上的折线图的大小,结果如图 4-114 所示。

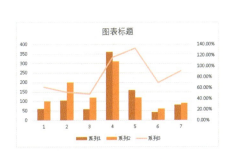

图 4-113 更改颜色配置

图 4-114 调整簇状柱形图-次坐标轴上的折线图的大小

（21）选中饼图，然后单击图表右侧最上方的"图表元素"按钮，在打开的"图表元素"列表中取消勾选"图例"复选框，勾选"数据标签"复选框，然后单击其右侧的级联菜单按钮，在打开的级联菜单中选择"数据标签外"命令，如图4-115所示。

（22）继续选择"更多选项"命令，打开"设置数据标签格式"窗格，在"标签包括"选区中取消勾选"值"复选框，勾选"百分比"复选框，然后勾选"单元格中的值"复选框，如图4-116所示。

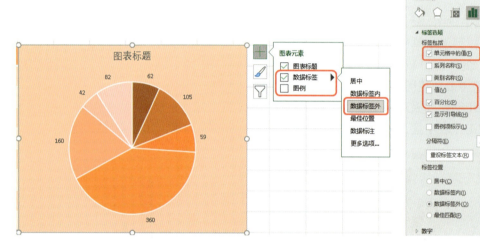

图4-115 选择"数据标签外"命令　　　　　　图4-116 "设置数据标签格式"窗格

（23）此时会弹出"数据标签区域"对话框，拖动鼠标指针选中A3:A9单元格区域，然后单击"确定"按钮，如图4-117所示。添加数据标签后的饼图如图4-118所示。

图4-117 "数据标签区域"对话框

（24）选中饼图的图表标题，修改"图表标题"为"部门支出占比图"，然后通过"开始"选项卡中的"字体"组，将字体设置为宋体、加粗，字号为14，效果如图4-119所示。

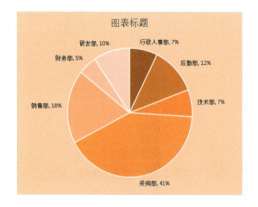

图4-118 添加数据标签后的饼图

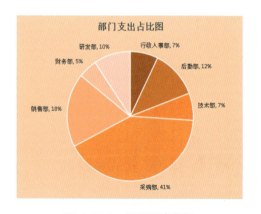

图4-119 设置图表标题

（25）选中簇状柱形图-次坐标轴上的折线图中的折线，然后单击图表右侧最上方的"图表元素"按钮，在打开的"图表元素"列表中勾选"数据标签"复选框，如图4-120所示。

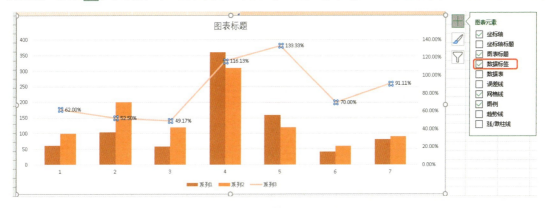

图4-120　勾选"数据标签"复选框

（26）选中簇状柱形图-次坐标轴上的折线图的图表标题，修改"图表标题"为"部门支出/预算占比图"，然后通过"开始"选项卡中的"字体"组，将字体设置为宋体、加粗，字号为14。

（27）右击簇状柱形图-次坐标轴上的折线图的图表区，在弹出的快捷菜单中选择"选择数据"命令，弹出"选择数据源"对话框，在"图例项(系列)"列表框中勾选"系列1"复选框，然后单击"编辑"按钮，如图4-121所示。

（28）将会弹出"编辑数据系列"对话框，在"系列名称"文本框中输入"支出金额"，然后单击"确定"按钮，如图4-122所示，返回"选择数据源"对话框。

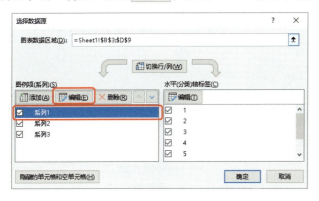

图4-121　"选择数据源"对话框1　　　图4-122　"编辑数据系列"对话框

（29）按照上面步骤（27）、（28）的方法，将"系列2"的系列名称修改为"预算金额"，将"系列3"的系列名称修改为"支出百分比"，最后单击"选择数据源"对话框中的"确定"按钮，结果如图4-123所示。

（30）下面修改X坐标轴的标签。右击X坐标轴，在弹出的快捷菜单中选择"选择数据"命令，弹出"选择数据源"对话框，在"水平(分类)轴标签"列表框中单击"编辑"按钮，如图4-124所示。

（31）将会弹出"轴标签"对话框，拖动鼠标指针选中A3:A9单元格区域，然后单击"确定"按钮，如图4-125所示。返回"选择数据源"对话框后，单击"确定"按钮，最终完成的数据可视化作品如图 4-126 所示。

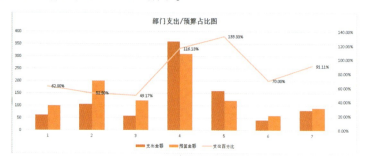

图 4-123　更改图例后的结果

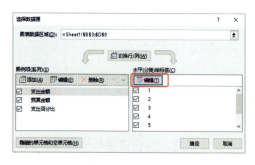

图 4-124　"选择数据源"对话框 2

图 4-125　"轴标签"对话框

图 4-126　完成的数据可视化作品

项目总结

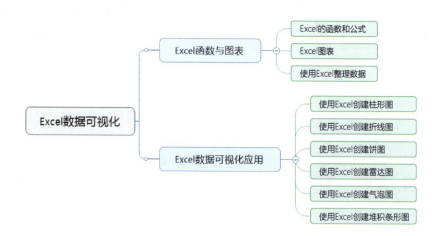

项目四 Excel 数据可视化

项目实战

实战一：制作产品合格率示意图

（1）创建一个名称为"产品合格率"的工作表，在工作表中输入数据，并对工作表进行格式设置，如图 4-127 所示。

（2）选中要创建图表的 B2:E11 单元格区域，插入三维簇状柱形图，如图 4-128 所示。

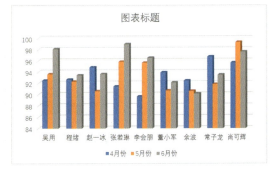

图 4-127　创建工作表　　　　　图 4-128　插入的三维簇状柱形图

（3）选中图表，然后单击"图表设计"选项卡下的"数据"组中的"切换行/列"按钮，将数据按照月份分为三部分，每部分显示所有员工的成品合格率，效果如图 4-129 所示。

（4）选中图表，更改图表样式，效果如图 4-130 所示。

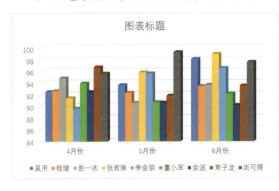
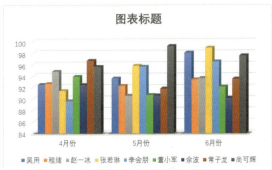

图 4-129　切换行/列后的效果　　　　图 4-130　更改图表样式后的效果

（5）修改图表的布局，包括图表标签、坐标轴、网格线等，效果如图 4-131 所示。

（6）选中图表标题，修改图表标题的形状样式，可以通过"格式"选项卡下的"形状样式"组中的"形状填充"按钮、"形状轮廓"按钮和"形状效果"按钮自定义样式，效果如图 4-132 所示。

（7）插入背景图片，效果如图 4-133 所示。

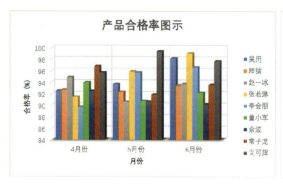

图 4-131 修改图表的布局后的效果　　图 4-132 修改图表标题的形状样式后的效果

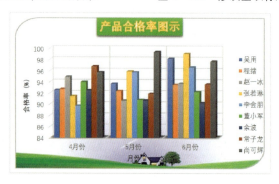

图 4-133 插入背景图片后的效果

实战二：制作月收入对比图

（1）创建一个"月收入对比图"工作表，如图 4-134 所示。

（2）选中图表要包含的数据区域 A2:G4，然后单击"插入"选项卡下的"图表"组的"折线图"下拉列表中的"带数据标记的折线图"按钮，工作区将显示对应的图表，如图 4-135 所示。

图 4-134 "月收入对比图"工作表　　图 4-135 插入的带数据标记的折线图

（3）选中图表，单击"图表设计"选项卡下的"图表样式"组中的"样式 2"。

（4）单击"图表设计"选项卡下的"图表布局"组中的"添加图表元素"按钮，在弹出的下拉列表中选择"网格线"→"主轴主要垂直网格线"命令，添加垂直方向的网格线。

（5）选中图表标题，将图表标题修改为"月收入对比图(万元)"，结果如图 4-136 所示。

（6）在图表中选中数据系列"2021年"，单击"图表设计"选项卡下的"图表布局"组中的"添加图表元素"按钮，在弹出的下拉菜单中选择"误差线"→"其他误差线选项"命令，在工作区右侧将会弹出"设置误差线格式"窗格，在"方向"选区中选中"正负偏差"单选按钮，在"误差量"选区中选中"固定值"单选按钮，然后在其右侧的文本框中输入"10"，结果如图4-137所示。

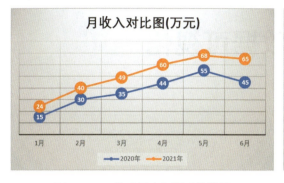

图4-136 修改图表标题后的结果

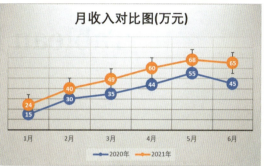

图4-137 添加误差线后的结果

项目五

Tableau 数据可视化

思政目标

- 通过介绍 Tableau 的基础操作来鼓励学生敢于实践、勇于创新
- 通过学习 Tableau 的各个案例来培养学生精益求精的工匠精神

技能目标

- 能够使用 Tableau 创建常用的图表
- 能够使用 Tableau 创建简单的仪表板、故事
- 能够通过 Tableau 官网自学更多有关 Tableau 操作的知识

项目导读

Tableau 是一款简单、易用的定位于数据可视化敏捷开发和实现的商务智能展现工具。在本项目的任务一中,将首先对 Tableau 的产品进行介绍,接着对 Tableau Desktop 的各种工作界面进行简要介绍,最后对 Tableau 的基础操作进行介绍。在任务二中,将以案例的形式首先介绍如何使用 Tableau 创建条形图、线形图等初级图表,然后介绍帕累托图、瀑布图这两个高级图表的创建方法。

任务一　Tableau 应用入门

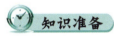

小白在使用 Excel 进行数据可视化工作一段时间之后，已经能够根据部门主管的要求，熟练制作出各种类型的图表。但是，小白在工作中也发现，很多业务部门的图表需求很多都是重复或类似的，他整天忙于制作业务部门的各种图表的工作中。于是，小白希望能够学习一款简单易用的数据可视化工具，来帮助他提高工作效率，这时，他看到有些同事使用 Tableau 来进行数据可视化设计。那么，Tableau 是一款什么样的软件呢？在 Tableau 中如何进行基本的操作呢？

知识准备

一、Tableau 概述

1. Tableau 介绍

Tableau 是一家提供商业智能的软件公司，正式成立于 2004 年，总部位于美国华盛顿州西雅图市。该公司致力于帮助人们看清并理解数据，帮助个人或组织快速、简便地对数据进行分析、可视化及分享信息。Tableau 主要面向企业数据提供可视化服务，企业运用 Tableau 数据可视化软件对数据进行处理和展示，其他任何机构乃至个人也都能很好地运用 Tableau 进行数据分析工作。数据可视化是数据分析的结果，能够让枯燥的数据以简单友好的图表形式展现出来。因此可以说，Tableau 抢占的是一个细分市场，那就是大数据处理末端的可视化市场。

简单、易用是 Tableau 的最大特点，用户不需要精通复杂的编程和统计原理，只要使用鼠标单击和拖曳，进行一些简单的设置就可以得到自己想要的数据可视化图形，即使不具备专业背景，也可以创造出美观的交互式图表，从而完成有价值的数据分析。但是简单、易用并没有妨碍 Tableau 拥有强大的性能，其不仅能完成基本的统计预测和趋势预测，还能实现数据源的动态更新。Tableau 专注处理的是结构化数据，这就使得 Tableau 有精力在快速、简单和可视化上做出更多改进。

2. Tableau 的优势

Tableau 的优势主要体现在以下 4 个方面。

1）简单易用

普通商业用户（非专业的开发人员）也可以使用这些应用程序，使用拖放式的用户界面就可以迅速地创建图表。

2）极速高效

将数据导入 Tableau 之后，其高性能的数据引擎将会快速、高效地对数据进行处理。

3）美观交互的视图

Tableau 拥有智能推荐图形的功能，当选中要分析的字段时，Tableau 就会自动推荐一种合适的图形来展示数据。当然，使用者也可以随时切换成其他的图形。

4）轻松实现数据融合

Tableau 可以灵活地融合不同的数据源，无论数据是在电子表格、数据库中还是在数据仓库中，抑或是在其他所有的结构中，都可以快速连接并使用它。

3. Tableau 产品简介

Tableau 家族产品主要包括 Tableau Desktop、Tableau Server、Tableau Online、Tableau Public 和 Tableau Reader。下面对 Tableau 各系列产品分别进行简要的介绍。

1）Tableau Desktop

Tableau Desktop 是一款桌面端分析工具，它可以帮助用户生动地分析实际存在的任何结构化数据，以快速生成美观的图表、坐标图、仪表板与报告。利用 Tableau 简便的拖放式界面，用户可以自定义视图、布局、形状、颜色等，展现自己的数据视角。

Tableau Desktop 分为个人版和专业版两种，两者的区别在于：①个人版所能连接的数据源有限，而专业版可以连接到几乎所有的格式或类型的数据文件和数据库；②个人版不能与 Tableau Server 相连，而专业版则可以。

2）Tableau Server

Tableau Server 是一款商业智能应用程序，既可以用于发布和管理 Tableau Desktop 制作的工作簿、视图和仪表板，也可以用于发布和管理数据源。

3）Tableau Online

Tableau Online 是完全托管在云端的分析平台。Tableau Online 让商业分析比以往更加快速、轻松，因为用户可以省去硬件的安装时间。发布仪表板后，无论是在办公室、家中还是在途中，用户可以在世界的任何地方利用 Web 浏览器或移动设备查看实时交互的仪表板。并且用户完全无须配置服务器、管理软件升级或扩展硬件容量。

4）Tableau Public

Tableau Public 是一个免费平台，用户可以在其中在线探索、创建和公开分享数据可视化。Tableau Public 拥有全球范围内规模极大的数据可视化库，可供用户参考学习，因此可以轻松培养用户的数据可视化操作技能。

5）Tableau Reader

Tableau Reader 是一款免费的桌面应用程序，可以用来打开 Tableau Desktop 生成的工作簿并与之进行交互。Tableau Reader 访问和交互的对象只能是本地工作簿。

4. 试用与注册

在网上搜索并登录 Tableau 中文简体官方网站，在"产品"下拉列表中选择"Tableau Desktop"选项，然后单击"免费试用"按钮，打开新的界面。在如图 5-1 所示的界面中输入电子邮箱地址，然后单击"下载免费试用版"按钮，即可下载 Tableau Desktop（下文中如果没有特殊说明，在提到 Tableau 时，默认为 Tableau Desktop）。

安装 Tableau Desktop 应注意应用环境的系统配置（可以在安装界面中单击"查看系统要求"按钮），系统要求如下所述。

项目五 Tableau 数据可视化

1）Windows
- Windows 7 或更高版本（64 位）。
- Intel Pentium 4 或 AMD Opteron 处理器或更快的处理器。
- 2GB 内存。
- 至少 1.5GB 可用磁盘空间。

2）macOS
- iMac/MacBook 计算机 2009 或更高版本。
- OS X 10.10 或更高版本。
- 至少 1.5GB 可用磁盘空间。

双击下载的 Tableau Desktop 安装文件，屏幕显示 Tableau 版本号并引导安装，在阅读软件产品的"许可条款"并勾选"我已阅读并接受本许可协议中的条款。"复选框后，单击"安装"按钮 安装(I) ，如图 5-2 所示，即可在本地计算机上简单和顺利地安装该软件产品，在安装完成后，会自动弹出如图 5-3 所示的激活界面。如果购买了产品密钥，则可以使用产品密钥激活 Tableau；如果没有产品密钥，则可以单击"立即开始试用"文字链接，获得 14 天免费使用的权限。即使是试用也需要进行用户注册（见图 5-4），填写注册信息后，单击"注册"按钮。

图 5-1 Tableau Desktop 下载界面　　　　图 5-2 产品许可协议界面

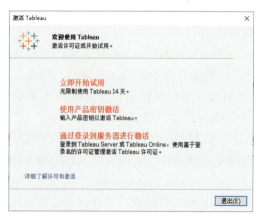
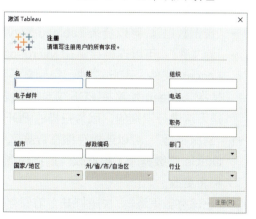

图 5-3 产品激活界面　　　　　　　　图 5-4 填写注册信息

二、熟悉 Tableau 的工作界面

Tableau 的工作界面会根据对数据和图表所进行的操作而发生变化，我们跟随具体的操作步骤来一步一步地认识 Tableau 的各种工作界面。

1. 开始界面

双击桌面上的 Tableau Desktop 图标，启动 Tableau Desktop。Tableau 的文件默认存储在"我的文档"文件夹下的"我的 Tableau 存储库"文件夹中。

Tableau Desktop 的开始界面由 3 个窗格组成："连接"窗格、"打开"窗格和"探索"窗格，可以从中连接数据、打开工作簿、访问培训和资源的相关内容等，如图 5-5 所示。

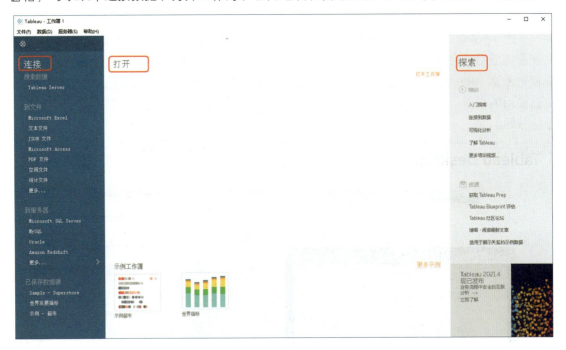

图 5-5　Tableau Desktop 的开始界面

1)"连接"窗格
- "搜索数据"：可以登录 Tableau Server 搜索数据。
- "到文件"：可以连接存储在 Microsoft Excel 文件、文本文件、JSON 文件、Microsoft Access 文件、PDF 文件、空间文件和统计文件等数据源中的数据。其中，PDF 文件是指 Tableau 能够将 PDF 文件中的表格清单列出来供分析使用，但扫描的 PDF 文件是无法进行识别的，因为扫描的 PDF 文件中的表格是图片格式。
- "到服务器"：可以连接存储在数据库中的数据，如 Microsoft SQL Server、MySQL 和 Oracle 等数据库。根据软件连接到哪些服务器及连接频率，此部分中列出的服务器名称将更改。
- "已保存数据源"：快速打开之前保存到"我的 Tableau 存储库"文件夹中的数据源，在默认情况下显示一些已保存数据源的示例。

2)"打开"窗格

在"打开"窗格中可以执行以下操作。

- 打开最近打开的工作簿：当首次打开 Tableau Desktop 时，此窗格为示例工作簿，随着创建和保存新工作簿，此处将显示最近打开的工作簿。单击工作簿的缩略图可以打开工作簿，如果不显示工作簿缩略图，则可以单击"打开工作簿"文字链接以查找保存到该计算机中的其他工作簿。
- 锁定工作簿：可以通过单击工作簿缩略图左上角的"锁定此工作簿"按钮，将工作簿锁定到开始界面。如果想要移除最近打开的工作簿或锁定的工作簿，则可以将鼠标指针悬停在工作簿缩略图上，然后单击"不显示工作簿"按钮。

3)"探索"窗格

- 培训：可以访问有关 Tableau Desktop 培训的视频。
- 资源：可以访问 Tableau 社区论坛或获取有关 Tableau 的资源。

2. 数据源界面

在进行分析之前，必须首先建立 Tableau 与各种数据源的连接。在建立了与数据源的初始连接后，Tableau 将进入数据源界面。下面，我们以选择 Excel 数据源为例，简要介绍连接一般数据文件的方法。

打开 Tableau Desktop 后，在开始界面中选择"连接"→"到文件"→"Microsoft Excel"选项，在弹出的"打开"对话框中找到需要连接的数据文件的位置，选中该文件后单击"打开"按钮 ，如图 5-6 所示，将会出现如图 5-7 所示的数据源界面。

虽然界面外观和可用选项因连接的数据的类型而有所不同，但是数据源界面通常由 4 个主要区域组成：左侧窗格、画布、数据网格和元数据网格。

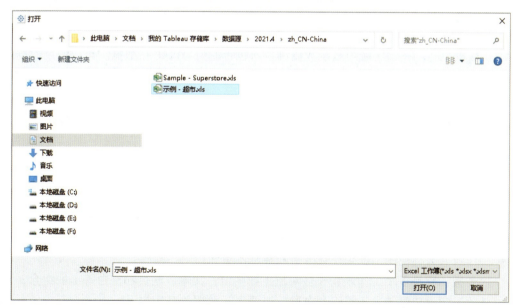

图 5-6 "打开"对话框

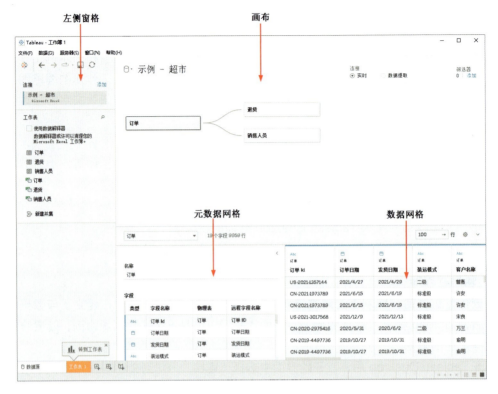

图 5-7 数据源界面

（1）左侧窗格。在该窗格区域中显示连接的数据源及有关数据的其他详细信息，可以根据需要将该窗格内列出的工作表拖放到画布中，建立与该表的数据连接。

（2）画布。可以在该区域中创建逻辑表之间的关系，或者在其中添加表之间的连接和并集。

（3）数据网格。在该区域中显示数据源中所包含的前 1000 行数据。可以使用数据网格对 Tableau 数据源进行一般修改，如排序或隐藏字段、重命名字段或重置字段名称、创建计算、更改列或行排序、添加别名等。

（4）元数据网格。在该区域中将以行的形式显示数据源中的字段。当连接到多维数据集数据或某些纯提取数据时，数据网格默认显示为元数据网格。

3. Tableau 工作表工作区

Tableau Desktop 的工作区是制作视图、设计仪表板、生成故事、发布和共享工作簿的工作环境，包括工作表工作区、仪表板工作区和故事工作区，也包括公共菜单栏和工具栏。在对各个工作区进行介绍之前，首先需要了解几个基本概念。

- 工作表：又称视图，是可视化分析的最基本单元。
- 仪表板：它是多个工作表和一些对象（如图像、文本、网页和空白等）的组合，可以按照一定方式对其进行组织和布局，以便揭示数据关系和内涵。
- 故事：它是按照顺序排列的工作表或仪表板的集合，故事中各个单独的工作表或仪表板被称为"故事点"。用户可以使用创建的故事叙述某些事实，或者以故事的方式揭示各种事实之间的上下文或事件发展的关系。

项目五　Tableau 数据可视化

- 工作簿：工作簿包含工作表、仪表板或故事，是用户在 Tableau 中工作成果的容器。用户可以把工作成果组织、保存或发布为工作簿，以便共享和存储。

在图 5-7 所示界面的底部，单击"工作表 1"标签，即可进入如图 5-8 所示的工作表工作区界面，该界面包含菜单栏、工具栏、"数据"窗格、含有功能区和图例的卡等，可以在工作表工作区中通过将字段拖放到功能区中来生成数据视图（工作表工作区仅用于创建单个视图）。

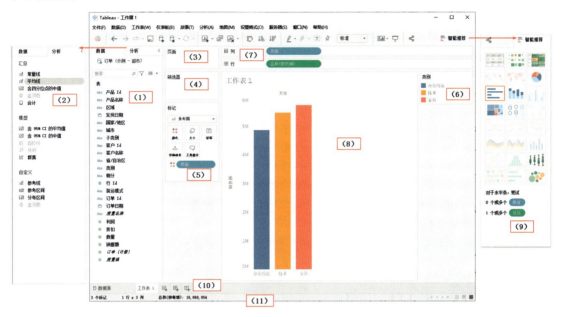

图 5-8　Tableau 工作表工作区界面

工作表工作区界面中的主要部件如下所述。

（1）"数据"窗格。"数据"窗格位于工作表工作区界面的左侧。可以通过单击"数据"窗格右上角的"折叠"按钮来隐藏"数据"窗格，这样"数据"窗格会折叠到左侧，再次单击"展开"按钮，即可显示"数据"窗格。单击"查找字段"按钮，然后在弹出的文本框中输入内容，即可在"数据"窗格中搜索字段。单击"查看数据"按钮，将弹出"查看数据"窗口，在该窗口中可以查看数据源的数据。

"数据"窗格由数据源、"维度"区域、"度量"区域、"集"区域和"参数"区域等组成。

- 数据源：包括当前使用的数据源及其他可用的数据源。
- "维度"区域：包含诸如文本和日期等类别数据的字段。
- "度量"区域：包含可以聚合的数字的字段。
- "集"区域：定义的对象数据的子集，只有创建了集，此区域才可见。
- "参数"区域：可替换计算字段和筛选器中的常量值的动态占位符，只有创建了参数，此区域才可见。

（2）"分析"窗格。单击"分析"标签，将切换到"分析"窗格。在此窗格中，将菜单中常用的分析功能进行了整合，方便用户快速使用，主要包括"汇总"区域、"模型"区域和"自定义"区域这 3 个区域。

- "汇总"区域：提供常用的参考线、参考区间及其他分析功能，包括常量线、平均线、含四分位点的中值、盒须图和合计等,它们均可以直接被拖放到工作表视图区中进行应用。

- "模型"区域:提供常用的分析模型,包括含 95% CI 的平均值、含 95% CI 的中值、趋势线、预测和群集。
- "自定义"区域:提供参考线、参考区间、分布区间和盒须图的快捷使用。

(3)"页面"功能区。可在此功能区中基于某个维度的成员或某个度量的值将一个视图拆分为多个视图。

(4)"筛选器"功能区。"筛选器"功能区用于指定要包含和排除的数据,所有经过筛选的字段都将显示在"筛选器"功能区中。

(5)标记卡。标记卡用于控制视图中的标记属性,包括一个标记类型选择器,可以在其中指定标记类型(如条形图、线、区域等)。此外,还包含"颜色"、"大小"、"标签"、"文本"、"详细信息"、"工具提示"、"形状"、"路径"和"角度"等控件,这些控件的可用性取决于视图中的字段和标记类型。

(6)颜色图例。包含视图中颜色的图例,仅当"颜色"控件上至少有一个字段时才可用。同理,也可以添加形状图例、尺寸图例和地图图例。

(7)"行"功能区和"列"功能区。"行"功能区用于创建行,"列"功能区用于创建列,可以将任意数量的字段放置在这两个功能区中。

(8)工作表视图区。创建和显示视图的区域,一个视图就是行和列的集合,可能包括行、列、标题、轴、窗格、单元格和标记。除了这些内容,还可以有选择性地显示说明、字段标签、摘要和图例等,如图 5-9 所示。

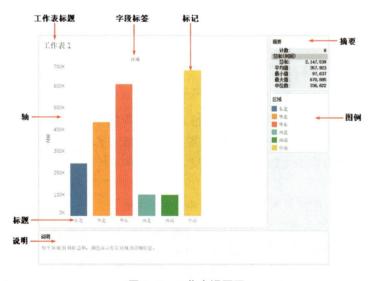

图 5-9 工作表视图区

(9)"智能推荐"窗格。通过"智能推荐"窗格,用户可以基于视图中已经使用的字段及在"数据"窗格中选择的任何字段来创建视图。Tableau 会自动评估被选中的字段,然后在"智能推荐"窗格中突出显示与数据最相符的可视化图表类型。

(10)标签栏。标签栏用于显示已经被创建的工作表、仪表板和故事的标签。用户可以通过单击标签栏中的"新建工作表"按钮来创建新工作表,通过单击"新建仪表板"按钮

项目五 Tableau 数据可视化

来创建新仪表板,通过单击"新建故事"按钮来创建新故事。

(11)状态栏。状态栏位于 Tableau 工作表工作区界面的底部,用于显示菜单项说明及有关当前视图的信息,有时还会在状态栏的右下角显示警告图标,以指示错误或警告。可以通过在菜单栏中选择"窗口"→"显示状态栏"命令来隐藏状态栏,但是不建议这样做,因为状态栏可以提供很多对操作有用的信息。

4. 仪表板工作区

在图 5-8 所示界面底部的标签栏中,单击"新建仪表板"按钮,即可进入如图 5-10 所示的仪表板工作区界面。

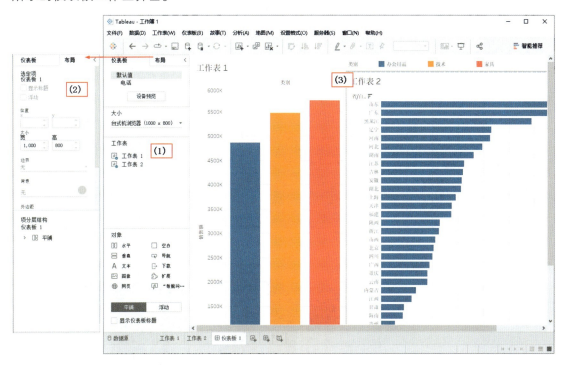

图 5-10 Tableau 仪表板工作区界面

仪表板工作区界面中的主要部件如下所述。

(1)"仪表板"窗格。在"仪表板"窗格中可以显示下列内容。

- 设备预览区域。通过鼠标右击设备预览区域,可以创建桌面、平板电脑或电话布局。
- "大小"区域。可以选择仪表板的尺寸(如"台式机浏览器")或调整仪表板的大小。其中,"固定大小"是指无论用于显示仪表板的窗口的大小如何,仪表板保持相同大小,如果仪表板比窗口大,则仪表板将变为可滚动;"范围"是指仪表板在指定的最小尺寸和最大尺寸之间进行缩放,之后将显示滚动条或空白;"自动"是指仪表板会自动调整大小,以填充用于显示仪表板的窗口。
- "工作表"区域。"工作表"区域中列出了在当前工作簿中创建的所有工作表,可以选中工作表并将其从"仪表板"窗格拖动到右侧的仪表板视图区中,一个灰色阴影区域将指示可以放置该工作表的各个位置。在将工作表添加至仪表板视图区中后,该工作表前会出现复选标记。

- "对象"区域。"对象"区域包含仪表板支持的对象,如文本、图像、网页和空白区域。从"仪表板"窗格拖放所需对象至右侧的仪表板视图区中,可以添加仪表板对象。该区域还包含了"平铺"和"浮动"两个布局按钮,它们决定了工作表和对象被拖放到仪表板视图区中后的效果与布局方式。在默认情况下,仪表板使用平铺布局,这意味着每个工作表和对象都排列到一个分层网格中。可以将布局更改为浮动布局,以允许视图和对象重叠。

(2)"布局"窗格。单击"布局"标签,可以切换到"布局"窗格。在该窗格内,可以对仪表板中各项目的标题、位置、大小、边界、背景、外边距等进行设置。

(3)仪表板视图区。仪表板视图区是创建和调整仪表板的工作区域,可以添加工作表及各类对象。

5. 故事工作区

在图 5-10 所示界面底部的标签栏中,单击"新建故事"按钮 ,即可进入如图 5-11 所示的故事工作区界面。

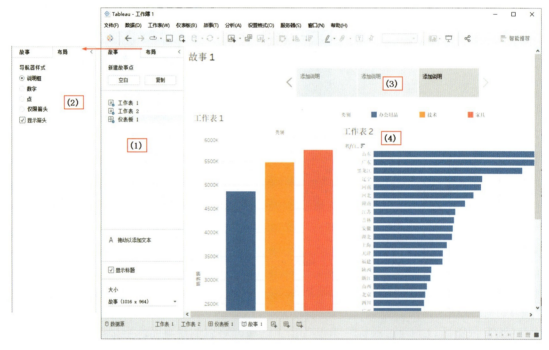

图 5-11 Tableau 故事工作区界面

故事工作区界面中的主要部件如下所述。

(1)"故事"窗格。在"故事"窗格中可以显示下列内容。

- "新建故事点"区域。可以单击该区域中的"空白"按钮以添加新故事点,或者单击"复制"按钮,以当前故事点作为下一个故事点的起点。
- 工作表和仪表板区域。该区域用于显示在当前工作簿中创建的工作表和仪表板的列表,将其中的一个工作表或仪表板拖放到故事视图区(导航器的下方)中,即可创建故事点,选中工作表或仪表板,并在右侧单击 按钮,即可快速跳转至所在的工作表或仪表板。

- "拖动以添加文本"按钮。使用此按钮可以为故事视图区添加说明。说明是可以添加到故事点中的一种特殊类型的注释。如果要添加说明，只需要单击此按钮后按住鼠标左键，将鼠标指针拖动到故事视图区中的任意所需位置上，然后释放鼠标左键，即可向一个故事点添加任何数量的说明。
- "显示标题"复选框。该复选框可以切换故事的标题的显示与否。
- "大小"区域。在该区域中可以设置所创建故事的尺寸。

（2）"布局"窗格。使用此窗格可以选择导航器样式，以及显示或隐藏前进和后退箭头的位置。

（3）导航器。可以利用导航器中左侧或右侧的按钮顺序切换故事点，也可以对故事点的顺序进行重新组织。

（4）故事视图区。故事视图区是创建故事的工作区域，可以添加工作表、仪表板或说明。

6. 菜单栏和工具栏

Tableau 工作区环境还提供了公共的菜单栏和工具栏，它们位于工作区界面的顶部。下面对菜单栏和工具栏进行简要介绍。

1）菜单栏

菜单栏中包括"文件"菜单、"数据"菜单、"工作表"菜单和"仪表板"菜单等，下面简要介绍各菜单中的常用命令。

（1）"文件"菜单。该菜单包括"新建"、"打开"和"保存"等命令。其中，"导出打包工作簿..."命令可以把当前的工作簿以打包形式导出，"打印为 PDF..."命令可以把工作表或仪表板导出为 PDF 文件，"存储库位置..."命令可以查看和改变文件的存储位置。

（2）"数据"菜单。该菜单包括"新建数据源"、"粘贴"和"编辑混合关系"等命令。其中，"粘贴"命令可以将复制到 Windows 系统粘贴板上的数据导入 Tableau 中，并在"数据"窗格中增加一个数据源；"编辑混合关系..."命令用于数据融合，可以创建或修改当前数据源的关联关系，并且如果两个不同数据源中的字段名不相同，则此命令可以明确地定义相关的字段。

（3）"工作表"菜单。该菜单包括"新建工作表"、"复制"和"导出"等命令。其中，"导出"命令可以把工作表导出为一个图像、一个 Excel 交叉表或 Microsoft Access 数据库文件（*.mdb）；"复制"→"交叉表"命令可以创建一个当前工作表的交叉表，并把它存放在一个新的工作表中。

（4）"仪表板"菜单。该菜单包括"新建仪表板"、"设置格式"和"导出图像"等命令，这些命令只可以在仪表板工作区环境下使用。

（5）"故事"菜单。该菜单包括"新建故事"、"设置格式"和"导出图像"等命令，这些命令只可以在故事工作区环境下使用。其中，"设置格式"命令可以设置故事的背景、标题和说明，"导出图像..."命令可以把当前故事导出为图像。

（6）"分析"菜单。该菜单包括"聚合度量"、"创建计算字段"、"交换行和列"等命令，这些命令可以在工作表和仪表板工作区环境下使用。其中，"聚合度量"命令可以控制对字段的聚合或解聚，"创建计算字段..."和"编辑计算字段"命令可以创建当前数据源中不存在的字段。

（7）"地图"菜单。该菜单包括"背景地图"、"地理编码"和"地理选项"等命令。其中，

"地图选项…"命令可以进行更改地图颜色配色方案等操作；"地理编码"命令可以导入自定义地理编码文件，绘制自定义地图。

（8）"设置格式"菜单。该菜单中的很多命令可以通过在视图或仪表板的某些特定区域内右击来进行快捷的调用。但也有些命令无法通过快捷方式实现，如需要修改一个交叉表中单元格的尺寸，这时只能利用该菜单中的"单元格大小"命令来调整。

（9）"服务器"菜单。如果想要把工作成果发布到大众皆可访问的公共服务器 Tableau Public 上，或者从上面下载或打开工作簿，则可以使用"服务器"菜单中的"Tableau Public"命令。如果需要登录 Tableau 服务器，或者需要把工作成果发布到 Tableau 服务器上，则需要使用"登录…"命令。

（10）"窗口"菜单。该菜单可以显示或隐藏工具栏、状态栏和边条。当工作簿包含了很多工作表，并且需要把其中某个工作表共享给其他人时，可以使用该菜单中的"书签"→"创建书签…"命令来创建一个书签文件（*.tbm）。

（11）"帮助"菜单。通过该菜单可以直接连接到 Tableau 的在线帮助文档、培训视频、示例工作簿和示例库，也可以设置工作区语言。此外，如果加载仪表板时比较缓慢，则可以通过"设置和性能"→"启动性能记录"命令来激活 Tableau 的性能分析工具，优化加载过程。

2）工具栏

工具栏包含"新建数据源"、"新建工作表"和"保存"等按钮，可以帮助用户快速访问一些常用工具，其中有些按钮仅对工作表工作区有效，有些按钮仅对仪表板工作区有效，有些按钮仅对故事工作区有效。表 5-1 所示为工具栏中的按钮的主要功能。

表 5-1　工具栏中的按钮的主要功能

按钮	名称	功能
	Tableau 图标	导航到开始界面
←	撤销	撤销对工作簿的最新操作。可以无限次撤销，直到返回上次打开工作簿的状态，即使在保存之后也可以进行撤销
→	重做	恢复通过"撤销"按钮撤销的上一次操作，可以重做无限次
	保存	保存对工作簿所做的更改
	新建数据源	打开"连接"窗格，然后可以在其中创建新连接或打开已保存的连接
	暂停自动更新	控制进行更改时 Tableau 是否更新视图，使用下拉菜单中的命令来自动更新整个工作表，或者只使用筛选器
	运行更新	运行手动数据查询，以便在关闭自动更新后所做的更改对视图进行更新。使用下拉菜单中的命令来更新整个工作表，或者只使用筛选器
	新建工作表	创建新的空白工作表，使用下拉菜单中的命令来创建新的工作表、仪表板或故事
	复制	创建一个包含当前工作表中所包含的相同视图的新工作表
	清除	清除当前工作表。使用下拉菜单中的命令来清除视图的特定部分，如筛选器、格式设置、大小调整和轴范围
	交换	交换"行"功能区和"列"功能区中的字段。始终使用此按钮来交换"隐藏空行"和"隐藏空列"设置
	升序排序	根据视图中的度量，以所选字段的升序来应用排序
	降序排序	根据视图中的度量，以所选字段的降序来应用排序

续表

按钮	名称	功能
	突出显示	启用所选工作表的突出显示。使用下拉菜单中的命令定义突出显示值的方式
	组成员	通过合并所选值来创建组。当选择多个维度时,使用下拉菜单中的命令来指定是对特定维度进行分组,还是对所有维度进行分组
	显示标记标签	在显示和隐藏当前工作表的标记标签之间切换
	固定轴	在仅显示特定范围的锁定轴与基于视图中的最小值和最大值调整范围的动态轴之间切换
	适合	指定如何在窗口内调整视图大小。选择"标准"、"适合宽度"、"适合高度"或"整个视图"
	显示/隐藏卡	在工作表中显示和隐藏特定卡。在下拉菜单中选择要隐藏或显示的每个卡
	演示模式	在显示和隐藏视图(即功能区、工具栏、"数据"窗格)之外的所有内容之间切换
	与其他人共享工作簿	将工作簿发布到 Tableau Server 或 Tableau Online 上
	智能推荐	通过突出显示最适合数据中的字段类型的视图类型来帮助用户选择视图类型。最适合数据的建议图表类型的周围会显示一个橙色轮廓

三、Tableau 的基础操作

下面以 Tableau Desktop 附带的"示例-超市.xls"文件为数据源(在"我的 Tableau 存储库\数据源\2021.4\zh_CN-China"文件夹中),通过一个案例来介绍使用 Tableau 创建、设计、保存视图和仪表板的基本方法与主要操作步骤,在创建过程中对涉及的基本概念进行讲解,同时熟悉 Tableau 工作区中的各功能区的使用方法和操作技巧,达到可以使用 Tableau 创建基本视图的目的。

通过 Excel 打开该文件,可以看到该 Excel 文件中有 3 个表,分别是"订单"工作表、"退货"工作表和"销售人员"工作表,如图 5-12 所示。

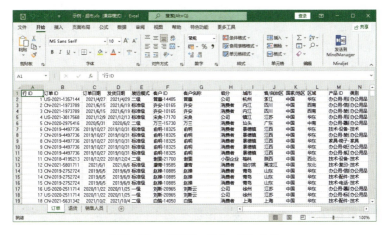

图 5-12 "示例-超市.xls"文件

打开 Tableau Desktop,在开始界面中选择"连接"→"到文件"→"Microsoft Excel"选项,将"示例-超市.xls"文件导入 Tableau 中,如图 5-13 所示。将"订单"工作表从左侧窗格拖动至画布中的"将表拖到此处"图标处,即可建立与"订单"工作表的数据连接,如图 5-14 所示。

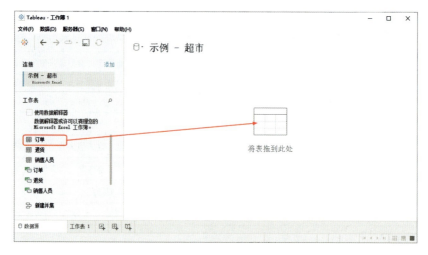

图 5-13 导入 Excel 文件

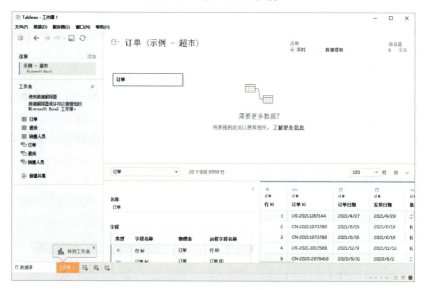

图 5-14 建立与"订单"工作表的数据连接

在图 5-14 所示界面底部的标签栏中，单击"工作表 1"标签 工作表1 ，即可进入 Tableau 工作表工作区界面。

1. 工作表工作区的操作

1)"数据"窗格的操作

在连接到新数据源时，Tableau 会在工作表工作区界面左侧的"数据"窗格中显示工作簿所连接的数据源和数据字段。Tableau 会将该数据源中的每个字段分配给"数据"窗格中的"维度"区域或"度量"区域，具体情况视字段包含的数据类型而定，如图 5-15 所示。

在 Tableau 中，数据源中的一列变量被称为字段，每个字段都包含一个唯一的数据属性，如客户名称、细分、城市等。维度和度量是 Tableau 的一种数据角色划分方式，连续和离散是另一种划分方式。Tableau 功能区对不同数据角色的操作处理方式是不同的，因此需要首先了解 Tableau 的数据角色。

项目五 Tableau数据可视化

图5-15 "维度"区域和"度量"区域

（1）维度和度量。

"维度"区域显示的数据角色为维度，往往是一些分类、时间方面的定性字段，将其拖放到"行"或"列"功能区中时，Tableau不会对其进行计算，而是对视图区进行分区，维度的内容显示为各区的标题。"度量"区域显示的数据角色为度量，往往是数值字段，将其拖放到"行"或"列"功能区中时，Tableau默认会进行聚合运算，同时，视图区将产生相应的轴。例如，我们要展示各类别的销售额，这时"类别"字段就是维度，"销售额"字段就是度量，"销售额"将依据"类别"分别进行"总和"聚合运算。

Tableau在连接数据时会对各个字段进行评估，自动将字段放入"维度"区域或"度量"区域中。在通常情况下，这种分配是正确的，但是有时也会出错。例如，工号虽然是由数字组成的，但是它有可能被Tableau分配到"度量"区域。如果Tableau将该字段分配到"度量"区域，那么我们就要对其进行调整，只需将该字段从"度量"区域拖放至"维度"区域中即可。

维度字段和度量字段有个明显的区别就是图标颜色，维度字段的图标颜色是蓝色，度量字段的图标颜色是绿色（如 Abc、#）。在使用Tableau作图时，这种颜色的区别贯穿始终，当我们将字段拖放到"行"或"列"功能区中时，依然会保持相应的两种颜色。

除了数据源的字段，在"数据"窗格中有3个Tableau自动生成的字段："度量名称"、"订单（计数）"和"度量值"，为了区别于其他字段，这3个字段为斜体。实际上，每次新连接数据源都会出现这3个字段，其中"订单（计数）"字段是Tableau为了用于计数而自动给每行观测值赋值为1，"度量名称"和"度量值"字段的使用将在卡和功能区的操作中进行介绍。

（2）连续和离散。

在Tableau中，字段可以为连续或离散字段。连续和离散是另一种数据角色的划分方式，蓝色代表离散字段，绿色代表连续字段。离散是指"各自分离且不同"，连续是指"构成一个没有间断的整体"。

如果字段包含可以加总、求平均值或以其他方式聚合的数字，Tableau就会在第一次连接到数据源时将该字段分配给"数据"窗格中的"度量"区域，Tableau 会假定这些值是连续的。当将连续字段拖放至"行"或"列"功能区中时，Tableau 会显示一个轴，这个轴是包含最小值和最大值的度量线，如将"销售额"字段拖放到"行"功能区中，如图 5-16 所示。

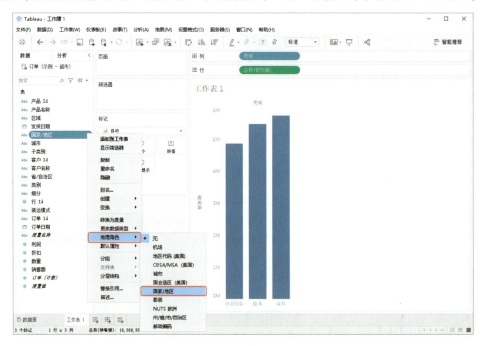

图 5-16　将"销售额"字段拖放到"行"功能区中后的效果

如果某个字段包含的值是名称、日期或地理位置，Tableau 就会在第一次连接到数据源时将该字段分配给"数据"窗格中的"维度"区域，Tableau 会假定这些值是离散的。当把离散字段拖放至"列"或"行"功能区中时，Tableau 会创建标题，如将"类别"字段拖放到"列"功能区中（见图 5-16）。

（3）字段类型。

在"数据"窗格内，我们可以看到各字段前面有如 Abc、# 等符号，这是用于标示字段类型的图标（尽管某些数据类型共享一个图标）。Tableau 指定字段是维度还是度量，但是字段的其他特征取决于其数据类型。Tableau 中的数据类型如表 5-2 所示。

表 5-2　Tableau 中的数据类型

图　标	数　据　类　型	示　　例
Abc	文本（字符串）值	Alice，用品，信封
📅	日期值	2021/4/29
📅	日期和时间值	2021/4/29　13:00:00
#	数字值	13.5，25
T|F	布尔值（仅限关系数据源）	True/False
🌐	地理值（用于地图）	中国，杭州

Tableau 会自动对导入的数据分配字段类型，但是有时自动分配的字段类型未必符合我们

的需要。因为字段类型对于视图的创建非常重要，所以一定要在创建视图前对不符合要求的字段类型进行调整。例如，在图 5-15 中，我们发现"国家/地区"、"城市"和"省/自治区"字段显示的字段类型都为字符串 Abc，而不是我们所需要的地理类型，这时就需要进行手动调整。以调整"国家/地区"字段为例，方法是单击该字段右侧的下拉按钮（或者在该字段上右击），然后在弹出的下拉菜单中选择"地理角色"→"国家/地区"命令（见图 5-16）。调整完成后，可以看到"国家/地区"字段前面的图标变为 ⊕，而且"度量"区域内会显示出"经度（自动生成）"和"纬度（自动生成）"两个字段。

> **注意**
>
> 在这里对字段类型进行的修改，不会对原始的数据表或数据库造成影响。

（4）搜索和筛选。

当数据源的字段较多时，可能需要对字段进行搜索和筛选。在"搜索"文本框内输入要搜索的文本，如输入"类别"，即可在"数据"窗格中搜索包含"类别"的字段，如图 5-17 中的左图所示。如果要对字段进行筛选，则单击"筛选依据"按钮 ▽，在弹出的下拉列表中选择某一项，如"M：度量"选项，即可对字段进行筛选，如图 5-17 中的右图所示。

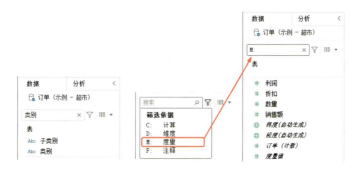

图 5-17　搜索（左图）和筛选（右图）

（5）查看数据。

单击"数据"窗格顶部的"查看数据"按钮 ▦，在弹出的"查看数据"窗口中可以查看基础数据，如图 5-18 所示。

（6）通过"数据"窗格创建视图。

在 Tableau 中，我们可以通过"数据"窗格中的数据字段来作图。如果将相关字段从"数据"窗格拖放到相应的"行"或"列"功能区中，就会在视图区内显示相应的轴或标题；如果将相关字段从"数据"窗格拖放到相应的功能区或卡上，图形的变化都会即时显示在视图区内。

2）"分析"窗格的操作

单击"数据"窗格右侧的"分析"标签，即可切换到"分析"窗格，可用的项目会因可视化项目中数据的当前状态而有所不同。在"分析"窗格中，可以将常量线、参考线、盒须图、趋势线、预测和其他项目拖放到视图区中。在将某个项目从"分析"窗格中拖出时，Tableau 将显示该项目的可能目标。选择范围因项目的类型和当前视图而异。例如，当将"平均线"项目从"分析"窗格中拖动到视图区中时，Tableau 会在视图左上方的放置目标区域中显示该项目可能的 3 个目标，即"表"、"区"和"单元格"，将该项目拖放到此区域中的适当位置，即可向视图中添加平均线，如图 5-19 所示。

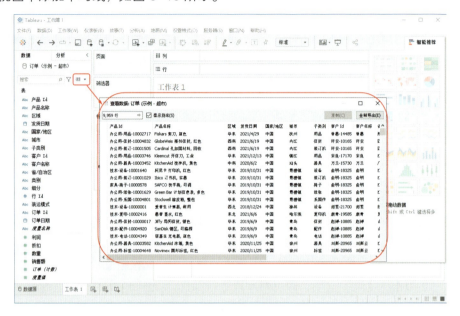

图 5-18 查看基础数据

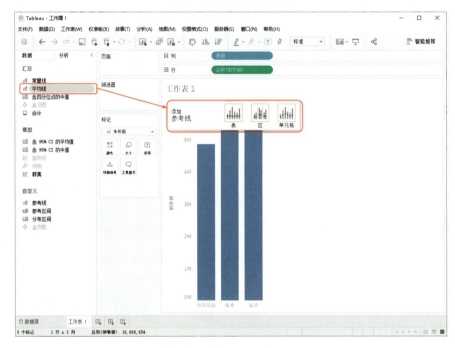

图 5-19 将"平均线"项目拖放到视图区中

3）卡和功能区的操作

每个工作表都包含可显示或隐藏的各种不同的卡，卡是功能区、图例和其他控件的容器。

（1）"行"功能区和"列"功能区。

"行"功能区和"列"功能区位于视图区的上方，从"数据"窗格中将字段拖放到这两个功能区中，可以向视图中添加行或列。我们以制作各区域销售额的条形图为例，选中"区域"字段，按住鼠标左键并拖放到"行"功能区中，这时纵轴就按照区域的名称进行了分区，各区域的名称成了标题，如图 5-20 所示。

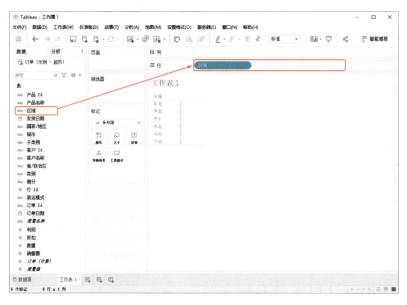

图 5-20　将"区域"字段拖放到"行"功能区中

我们将"销售额"字段拖放到"列"功能区中，该字段在"列"功能区内会自动显示成"总和（销售额）"，视图区内就会显示出各区域销售额的条形图，如图 5-21 所示。

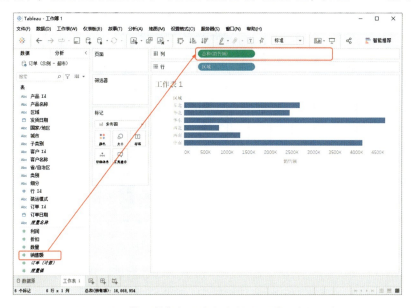

图 5-21　将"销售额"字段拖放到"列"功能区中

我们可以在"行"功能区和"列"功能区中拖放多个字段。例如，将"利润"字段拖放到"列"功能区中"总和（销售额）"字段的右侧，这时 Tableau 会根据度量字段"销售额"和"利润"分别形成对应的轴，如图 5-22 所示。

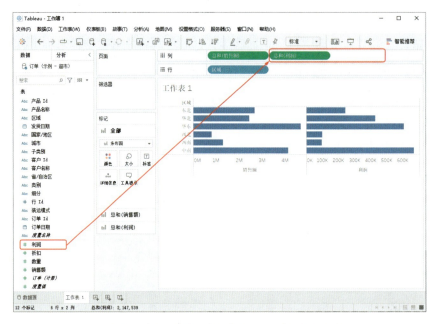

图 5-22 将"利润"字段拖放到"列"功能区中

字段无论是位于"维度"区域中,还是位于"度量"区域中,都可以被拖放到"行"功能区或"列"功能区中,但是横轴、纵轴的显示信息会发生改变。单击工具栏中的"交换行和列"按钮 ,可以将"行"功能区和"列"功能区内的字段进行互换,这时,在视图区内,横轴变成了区域,纵轴变成了销售额和利润,如图 5-23 所示。

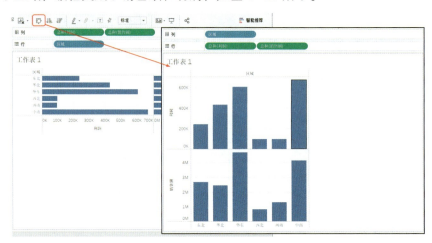

图 5-23 交换"行"功能区和"列"功能区中的字段

在"行"功能区或"列"功能区内,可以将字段进行拖放,用来改变字段的排列顺序,或者将字段从一个功能区拖放到另一个功能区中,视图区内的图形就会随之发生改变。例如,选中"行"功能区内的"总和(销售额)"字段,将其拖放到"总和(利润)"字段的右侧,就可以改变其排列顺序,视图区内的图形也会发生变化,如图 5-24 所示。

当我们把度量字段"销售额"拖放到功能区中时,Tableau 会自动对度量字段进行聚合运算,默认的聚合运算为总和,所以该字段会显示成"总和(销售额)"。Tableau 可以支持多种不同的聚合运算，如总和、平均值、中位数、计数、最小值等。如果想改变聚合运算的类型，如想计算各区域销售额的平均值，则只需在"行"功能区或"列"功能区中的度量字段"总和（销售额）"上右击或单击该字段右侧的下拉按钮，在弹出的下拉菜单中选择"度量（总和）"→"平均值"命令即可，如图 5-25 所示。

图 5-24　调整"行"功能区中字段的排列顺序

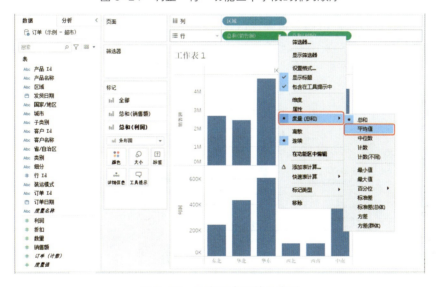

图 5-25　改变聚合运算的类型

（2）标记卡。

在 Tableau 中创建视图时，除了将字段拖放到"行"功能区或"列"功能区中，还经常需要定义形状、颜色、大小、标签等图形属性，这些过程都将通过对标记卡进行操作来完成。在 Tableau 中，我们将视图中的图形单元称为标记，标记可以用来表示视图中所包括的字段（维度和度量）交集的数据。我们可以用线、条、形状、地图等来表示标记，通过标记卡可以对标记进行设置。默认状态下的标记卡如图 5-26 所示，其上部为标记类型，单击右侧的下拉按钮，可以弹出标记类型的下拉列表；下部有 5 个控件，分别为"颜色"控件、"大小"控件、"文本"控件、"详细信息"控件和"工具提示"控件。只需把相关的字段拖放到控件中即可使用这些控件,如果单击某一个控件,还可以对细节、方式、格式等进行调整。此外,有3个特殊控件只有在选择了对应的标记类型时才会显示出来,分别是线对应的"路径"控件、形状对应的"形状"控件、饼图对应的"角度"控件,如图5-27所示。

图 5-26 标记卡和标记类型　　　　　　　图 5-27 3个特殊控件

① 颜色。在图5-24中,如果希望各区域以不同的颜色显示出来,只需要从"数据"窗格中将"区域"字段拖放到"颜色"控件上即可。这时,视图区的右侧会自动显示颜色图例,用来说明颜色与区域的对应关系。单击颜色图例右上角的下拉按钮 ,在弹出的下拉菜单中可以对颜色图例进行设置,如编辑颜色、设置图例格式、排序等,如图5-28所示。

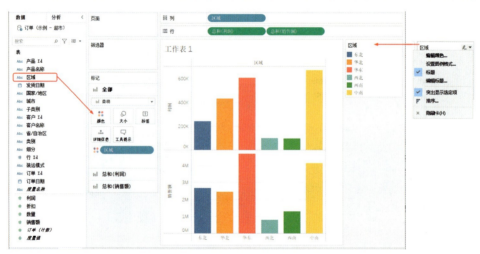

图 5-28 设置颜色图例

② 大小。设置大小的方法和设置颜色的方法类似,在"数据"窗格中将某一个字段拖放到"大小"控件上,视图中的标记就会根据该字段改变大小,这里不再详述。

> **注意**
>
> "颜色"和"大小"控件只能拖放一个字段,在"颜色"或"大小"控件上已经拖放了一个字段后,如果再拖放一个字段,则新拖入的字段将替换原有字段。

③ 标签。如果希望对视图中的标记添加标签,只需要从"数据"窗格中将字段拖放到"标签"控件上即可。例如,将"利润"字段拖放到"标签"控件上,如图 5-29 所示。

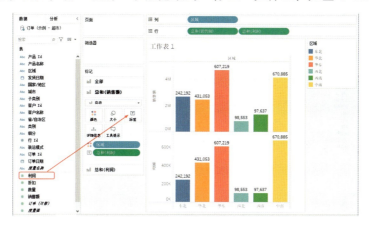

图 5-29　添加标签

标签显示的是各区域的利润总和,如果想让标签显示各区域的利润平均值,则可以在标记卡中的"总和(利润)"字段上右击或单击"总和(利润)"字段右侧的下拉按钮,在弹出的下拉菜单中选择"度量(总和)"→"平均值"命令,这时视图中的标签将变为平均值,如图 5-30 所示。

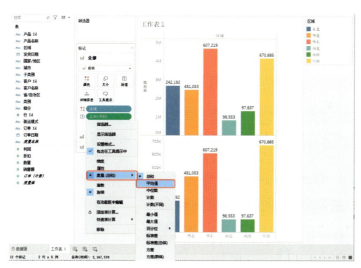

图 5-30　改变标签显示的内容

④ 详细信息。"详细信息"控件可以依据拖放的字段对视图进行分解细化。下面继续新建一个工作表,单击 Tableau 界面底部标签栏中的"新建工作表"按钮,新建"工作表 2"。以圆图为案例,将"区域"字段拖放到"列"功能区中,将"利润"字段拖放到"行"功能区中,通过标记卡将标记类型设置为"圆",如图 5-31 所示。视图区中的每个圆点所代表的数值其实是"办公用品"、"技术"和"家具"这 3 个类别的利润总和。

将"类别"字段拖放到"详细信息"控件上,Tableau 会依据"类别"进行分解细化,这时图 5-31 中的每个圆点变为 3 个圆点,每一个圆点分别代表"办公用品"、"技术"和"家具"的利润总和,如图 5-32 所示。

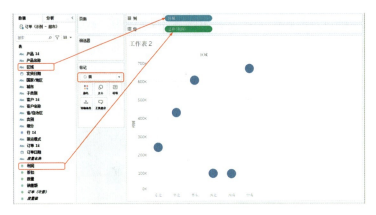

图 5-31 设置详细信息之前

图 5-32 依据"类别"设置的详细信息

提示

其实"颜色"、"大小"和"标签"控件都具有与"详细信息"控件搭配使用的功能,直接将"类别"字段拖放到标记卡中的"颜色"、"大小"或"标签"控件上,就可以表示详细信息。如果将"类别"字段拖放到"颜色"控件上,则视图中的每个圆点就会分解细化为 3 个颜色不同的圆点,如图 5-33 所示。

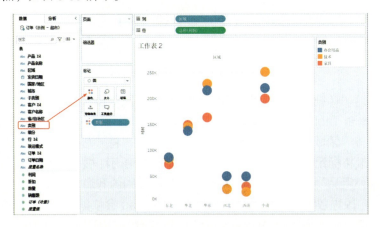

图 5-33 依据"颜色"设置的详细信息

⑤ 工具提示。当将鼠标指针移动至视图中的某一个标记上时，会自动弹出一个显示该标记信息的框。例如，在图 5-33 中，当将鼠标指针拖动至视图中的某个圆点上时，鼠标指针的右下方就会自动出现提示信息，如图 5-34 所示，这就是工具提示的作用。

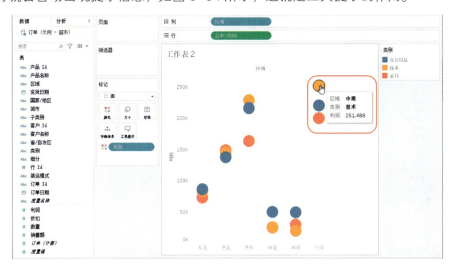

图 5-34　工具提示的作用

单击标记卡中的"工具提示"控件，将会弹出"编辑工具提示"对话框，通过该对话框可以对工具提示的内容进行添加、删除及更改格式和排版等操作，如图 5-35 所示。Tableau 会自动将标记卡、"行"功能区和"列"功能区中的字段添加到工具提示中，如果还需要添加其他信息，则只需将相应的字段拖放到标记卡中的某一个控件上即可。

图 5-35　"编辑工具提示"对话框

（3）"筛选器"功能区。

当需要 Tableau 的视图区仅展示数据的某一部分时，只要将"数据"窗格内的任意一个字段拖放到"筛选器"功能区中，都会创建该视图的筛选器。例如，在图 5-34 中，如果想让视图内只显示"办公用品"利润总和的数据，只要将"类别"字段拖放到"筛选器"功能区中，Tableau 将自动弹出"筛选器[类别]"对话框，在"常规"选项卡中选中"从列表中选择"单选按钮，就会显示"类别"的列表，勾选"办公用品"前面的复选框，然后单击"确定"按钮，"类别"字段就显示在"筛选器"功能区中了，如图 5-36 所示。

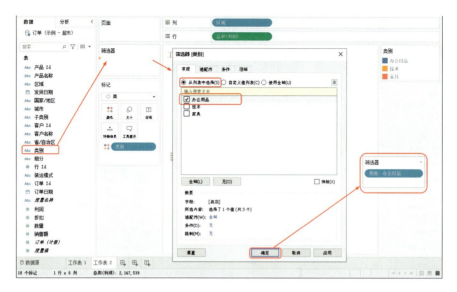

图 5-36　创建筛选器

Tableau 提供了多种筛选方式。在"筛选器[类别]"对话框的上方可以看到"常规"、"通配符"、"条件"和"顶部"标签,单击任意一个标签都会切换到相应的选项卡,在每个选项卡中可以设置不同的筛选方式,这大大丰富了筛选的形式。

在将字段拖放到"筛选器"功能区中之后,可以将该筛选器显示出来。在"筛选器"功能区中,右击该字段或单击该字段右侧的下拉按钮,在弹出的下拉菜单中选择"显示筛选器"命令即可。这时,在工作表视图区的右侧会显示该筛选器,通过该筛选器即可进行各种筛选操作,如图 5-37 所示。

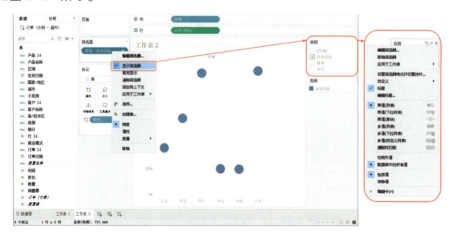

图 5-37　显示筛选器

(4)"页面"功能区。

当将一个字段拖放到"页面"功能区中时,会在视图区的右侧弹出一个页面播放器,通过该播放器可以让工作表的显示更加灵活。以图 5-34 所示内容为例,当把"类别"字段从"数据"窗格拖放到"页面"功能区中之后,视图区的右侧会出现一个"类别"播放器,如图 5-38 所示。通过该播放器,我们可以让"办公用品"、"技术"和"家具"这 3 个类别的视图动态播放出来,也可以设置播放的效果。

项目五 Tableau 数据可视化

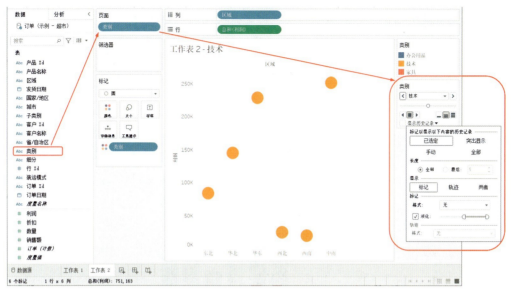

图 5-38 页面播放器的设置

（5）"度量名称"和"度量值"字段的使用。

"数据"窗格中的"度量名称"和"度量值"字段是成对使用的，可以将处于不同列的数据用一个轴显示出来。下面继续新建一个工作表，单击 Tableau 界面底部标签栏中的"新建工作表"按钮，新建"工作表 3"。将"区域"字段从"数据"窗格拖放到"列"功能区中，将"度量值"字段拖放到"行"功能区中，这时，在标记卡的下方将出现一个"度量值"功能区，显示出包含哪些度量字段，Tableau 默认会将所有的度量字段都包括在内。

在"行"功能区中的"度量值"字段上右击或单击"度量值"字段右侧的下拉按钮，在弹出的下拉菜单中选择"筛选器"命令，在弹出的"筛选器[度量名称]"对话框中，取消勾选"折扣"、"数量"和"订单 计数"前面的复选框，然后单击"确定"按钮，如图 5-39 所示。

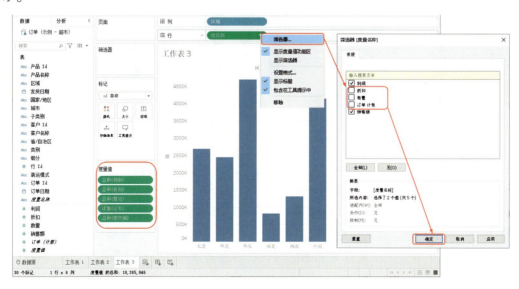

图 5-39 筛选度量值

此时的度量值中包含了销售额和利润，但是我们无法进行区分，如果将"度量名称"字段拖放到标记卡中的"大小"控件上，柱形图就会按照柱形的宽度分成"销售额"和"利润"，二者共用一个纵轴，如图 5-40 所示。

图 5-40　按照大小显示度量值

如果将"度量名称"字段拖放到"列"功能区中"区域"字段的右侧，则 Tableau 将把"利润"和"销售额"分成两根柱形来显示，如图 5-41 所示。

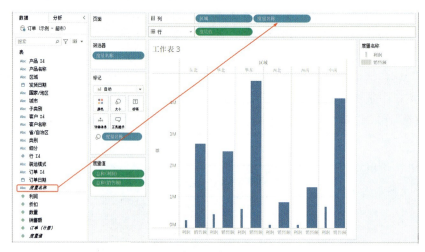

图 5-41　按照大小创建双柱图显示度量值

2."智能推荐"窗格的应用

在 Tableau 工具栏的最右端，有一个"智能推荐"按钮 智能推荐 ，当单击该按钮时，可以显示或隐藏"智能推荐"窗格。在"智能推荐"窗格中，显示了 24 种可以快速创建的基本图形，当我们将鼠标指针移动到任意图形上时，在该窗格的底部就会显示该图形需要的字段要求，如图 5-42 所示。当将鼠标指针悬停在"文本表"按钮上时，窗格的底部会显示"1 或多个维度"和"1 个或多个度量"，这表明创建该视图所需要的维度和度量的字段都必须在 1 个以上。

"智能推荐"窗格可以基于视图中已经使用的字段及在"数据"窗格中选择的任何字段来

创建视图。如果要使用"智能推荐"窗格，首先在"数据"窗格中选择需要分析的字段，然后在"智能推荐"窗格中选择要创建的视图类型即可。Tableau 可以自动评估被选中的字段，然后提供适合这些字段的几种视图类型来供用户选择。"智能推荐"窗格中还会突出显示与数据最相符的可视化图表类型。

在图 5-41 所示内容的基础上，再新建一个工作表。按住键盘上的 Ctrl 键，在"数据"窗格中，通过单击来选择要分析的"区域"字段和"销售额"字段，然后释放 Ctrl 键，单击工具栏中的"智能推荐"按钮 ，显示出"智能推荐"窗格。此时，未显示为灰色的任何视图类型都可以生成数据视图，并且推荐的条形图以橙色轮廓突出显示，单击该按钮，Tableau 就会在视图区中自动创建数据视图，如图 5-43 所示。

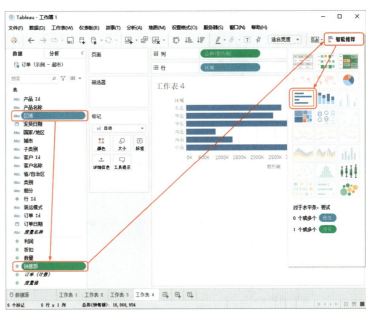

图 5-42　"智能推荐"窗格　　　　图 5-43　通过"智能推荐"窗格创建视图

3．工作表视图区的操作

在 Tableau 工作表视图区内的任意位置右击，就会根据鼠标指针的所在位置弹出快捷菜单，通过对快捷菜单中各命令的选择，用户可以对工作表视图区中的各项目进行编辑和设置。这些快捷菜单极大地方便了用户对 Tableau 视图的操作，如图 5-44 所示。当我们在工作表的标题区右击时，可以进行编辑标题、隐藏标题、设置标题格式等操作；当我们在轴上右击时，可以进行编辑轴、设置格式等操作；当我们在柱形标记上右击时，可以进行选择标记类型、添加注释等操作。

除此之外，当我们在工作表视图区中的特定位置单击时，Tableau 会根据鼠标指针的所在位置弹出下拉工具栏，如图 5-45 所示。当我们在轴上单击时，可以进行升序排序、降序排序等操作；当我们在柱形标记上单击时，可以进行只保留、排除等操作。

4．仪表板工作区的操作

在创建完所有的工作表视图之后，就可以将其在仪表板中进行组织。单击界面底部标签栏中的"新建仪表板"按钮 ，创建一个新的仪表板，即可进入仪表板工作区界面。

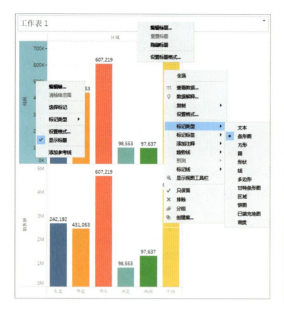
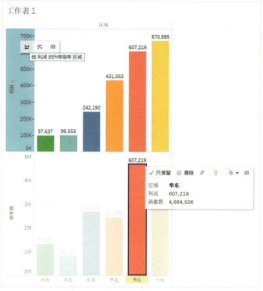

图 5-44　工作表视图区的操作 1　　　　　图 5-45　工作表视图区的操作 2

1）"仪表板"窗格的操作

"仪表板"窗格位于仪表板工作区界面的左侧，如图 5-46 所示。将"工作表"区域内的任意一个工作表从"仪表板"窗格拖放到仪表板视图区中，就可以将该工作表添加到仪表板中。

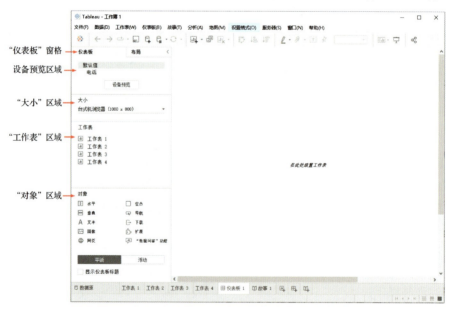

图 5-46　"仪表板"窗格

除了可以添加工作表，还可以通过将"对象"区域中的对象拖放至仪表板视图区中，来添加用于增加视觉吸引力和交互性的仪表板对象。下面对各类型的对象进行简要介绍。

（1）水平和垂直。这两个对象可以提供布局容器，用于在仪表板中组织工作表和其他对象。新增布局容器可以在仪表板中创建一个区域，将相关对象分组在一起，对象会根据容器中的其他对象自动调整自己的大小和位置。如果向布局容器中添加"工作表 1"和"工作表 2"，则水平布局容器与垂直布局容器的区别如图 5-47 所示。

图 5-47　水平布局容器（左图）与垂直布局容器（右图）的区别

（2）文本。该对象可以提供标题、解释和其他信息。

（3）图像。该对象可以向仪表板中添加静态图像文件，也可以将它们链接到特定目标的 URL（Uniform Resource Locator，统一资源定位符）。

（4）网页。该对象在仪表板的上下文中显示目标页面。（虽然网页对象也可以用于图像，但是它们对于完整的网页效果更好。图像对象提供特定于图像的拟合、链接和替代文本选项。）

（5）空白。该对象可以帮助用户调整仪表板各项之间的间距。

（6）导航。该对象可以让用户从一个仪表板导航到另一个仪表板，或者导航到其他工作表或故事。该对象也可以用于显示文本或图像，以向用户指示按钮的目标、指定自定义边框和背景颜色，并提供工具提示信息。

（7）下载。该对象可以让用户的受众快速创建整个仪表板或选定工作表的交叉表的 PDF 文件、PowerPoint 幻灯片或 PNG 图像。格式设置选项与导航对象类似。

（8）扩展。该对象可以向仪表板中添加独特的功能，或者将它们与 Tableau 外部的应用程序集成。

（9）"数据问答"功能。该对象使用户可以输入针对特定数据源字段的对话查询，用户可以针对特定受众（如销售、市场营销人员等）对其进行优化。

通过"仪表板"窗格中的"平铺"和"浮动"布局按钮，可以设置被添加到仪表板中的各工作表和对象的放置方式。当单击"平铺"按钮时，"平铺"按钮显示为深色阴影，采用平铺布局方式，被拖动到仪表板中的各工作表和对象不会重叠，而且可以根据整体仪表板的大小和其中的项目而自动调整，用户也可以通过单击并拖动区域的边缘来进行手动调整。当单击"浮动"按钮时，"浮动"按钮显示为深色阴影，采用浮动布局方式，被拖动到仪表板中的新增项目可以叠放在其他项目上，用户可以随意调整各项目的大小与位置。平铺布局方式与浮动布局方式的区别如图 5-48 所示。

提示

在将项目拖放到仪表板中时，按住键盘上的 Shift 键，可以切换该新增项目的布局方式。

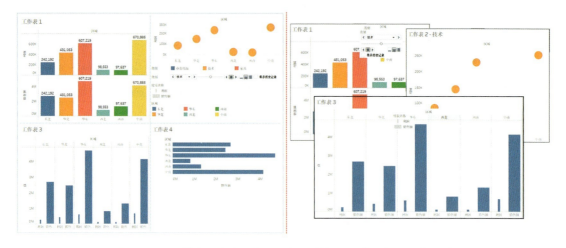

图 5-48　平铺布局方式（左图）与浮动布局方式（右图）的区别

以图 5-46 所示内容为例，选中"仪表板"窗格中"工作表"区域中的"工作表 1"项目，按住鼠标左键不放，并拖动鼠标指针到右侧的仪表板视图区中，释放鼠标左键，即可将该工作表添加到仪表板中。然后将"工作表 2"项目拖动到仪表板视图区中，此时会出现一个灰色阴影区域，随着鼠标指针移动到不同位置，该灰色阴影区域可以提供放置该工作表后的预览，当该预览满足设计需要时，即可释放鼠标左键，如图 5-49 所示。

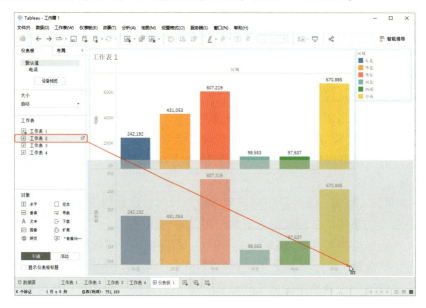

图 5-49　将工作表拖动到仪表板视图区中

5. "布局"窗格的操作

单击"布局"标签，即可切换到"布局"窗格，如图 5-50 所示。在仪表板视图区内或在"布局"窗格的"项分层结构"区域内选中某一个项目，就会在"选定项"区域内显示该项目。通过"选定项"区域可以对选定的项目进行设置，其中包括项目是否显示标题、平铺或浮动布局方式、位置、大小、边界、背景、外边距、内边距。

项目五　Tableau 数据可视化

图 5-50　"布局"窗格

> **注意**
>
> 　　有时"选定项"区域中的位置和大小的设置栏显示为灰色，表示这两个设置栏无法使用，因为调整此参数会影响到其他项目的位置和大小，当我们勾选"浮动"复选框时，就可以对设置栏的参数进行调整了，如图 5-51 所示。

　　在"项分层结构"区域中，可以清晰地浏览仪表板中各项目的分层结构。在"项分层结构"区域中的某一个项目上右击，然后在弹出的快捷菜单中选择所需的命令，可以对该项目进行相应的操作。例如，在图 5-50 中，在"项分层结构"区域中的"垂直"项目上右击，将弹出如图 5-52 所示的快捷菜单，通过选择其中的"重命名仪表板项目"命令可以为仪表板的该项目指定唯一名称，以便识别。

　　图 5-51　调整位置和大小　　　　图 5-52　"项分层结构"区域的快捷菜单

6. 仪表板视图区的操作

在仪表板视图区的操作可以通过以下方式来进行。

- 当选中某一项目时，根据鼠标指针在不同位置的变化，通过单击并拖放来进行操作，如图 5-53 所示。当鼠标指针在工作表 1 区域上边缘的正中央时，鼠标指针变成十字形，这时单击并拖放，就可以改变该项目的位置。当鼠标指针在工作表 1 区域的下、左、右边缘时，鼠标指针会变成一字形，这时单击并拖动，就可以改变该项目的大小。

图 5-53　仪表板视图区的操作

- 当选中某一项目时，在项目区域的右上方会出现工具栏，单击"更多选项"按钮，在弹出的下拉菜单中选择相应的命令，即可对该项目进行操作（见图 5-53）。
- 在仪表板视图区内的任意位置右击，根据鼠标指针的位置会弹出不同的快捷菜单，可以在弹出的快捷菜单中选择相应的命令进行操作，读者可以自行尝试。

为了更加清楚地显示出仪表板中各项目的位置和对其大小进行调整，可以在仪表板视图区内显示出网格。通过在菜单栏中选择"仪表板"→"显示网格"命令，或者通过按键盘上的 G 键，可以打开和关闭网格。

7. 故事工作区的操作

在完成所有的工作表和仪表板的创建之后，就可以创建故事了。单击界面底部标签栏中的"新建故事"按钮，新建"故事 1"，同时进入故事工作区界面。

此时，故事工作区内只有一个故事点，将左侧"故事"窗格内的任意一个工作表或仪表板拖放到故事视图区中，即可完成第一个故事点的创建，如图 5-54 所示。

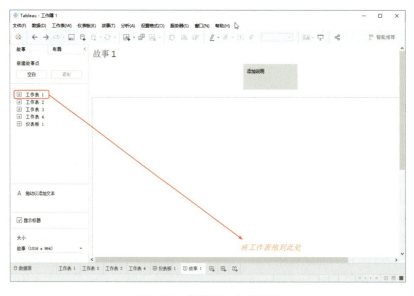

图 5-54　创建第一个故事点

单击左侧"故事"窗格中"新建故事点"区域内的"空白"按钮 ，即可新建第二个故事点，将下一个工作表或仪表板拖放到故事视图区中，即可完成第二个故事点的创建，如图 5-55 所示。

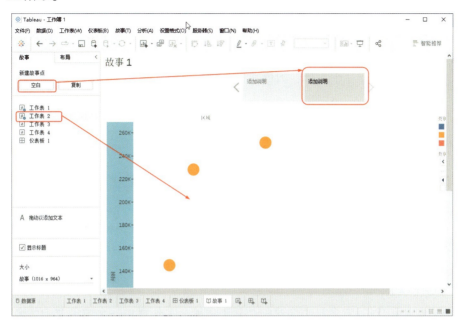

图 5-55　创建第二个故事点

依照上述方法，可以创建更多的故事点。为了区分各个故事点，可以在导航器内输入关于故事点的说明，还可以通过"布局"窗格选择导航器的样式，即可完成一个最简单故事的创建。

8．工作成果的保存和导出操作

1）Tableau 的文件类型

在创建完工作表、仪表板和故事之后，可以将创建的工作表、仪表板和故事保存成图像和打印成 PDF，也可以使用多种不同的 Tableau 专用文件类型来保存工作成果：工作簿、书签、打包工作簿、数据提取、数据源和打包数据源。下面简要介绍 Tableau 的文件类型。

（1）工作簿（.twb）。Tableau 工作簿文件具有.twb 文件扩展名。工作簿中含有一个或多个工作表，以及零个或多个仪表板或故事。

（2）书签（.tbm）。Tableau 书签文件具有.tbm 文件扩展名。书签包含单个工作表，是快速分享所做工作的简便方式。

（3）打包工作簿（.twbx）。Tableau 打包工作簿具有.twbx 文件扩展名。打包工作簿是一个 zip 文件，包含一个工作簿，以及所有引用的本地文件数据源和图像的副本。这种格式最适合对工作成果进行打包，以便与不能访问原始数据的其他人共享。

（4）数据提取（.hyper 或.tde）。根据创建数据提取时使用的版本，Tableau 数据提取文件可能具有.hyper 或.tde 文件扩展名。数据提取文件是部分或整个数据源的一个本地副本，可用于在脱机工作时与其他人共享数据，以及提高处理数据的性能和利用原始数据中没有或不支持的功能。

（5）数据源（.tds）。Tableau 数据源文件具有.tds 文件扩展名。数据源文件是用于快速连接到用户经常使用的原始数据的快捷方式。数据源文件不包含实际数据，而只包含连接到实际数据所必需的信息，以及用户在实际数据基础上进行的任何修改，如更改默认属性、创建计算字段、添加组等。

（6）打包数据源（.tdsx）。Tableau 打包数据源文件具有.tdsx 文件扩展名。打包数据源是一个 zip 文件，包含上面描述的数据源文件（.tds）及任何本地文件数据，如数据提取文件（.tde）、文本文件、Microsoft Excel 文件、Microsoft Access 文件和本地多维数据集文件。可以使用该文件类型创建一个文件，以便与无法访问计算机上本地存储的原始数据的其他人分享。

2）工作成果的保存

在 Tableau 中，可以使用以下 4 种方法来保存工作成果。

- 保存工作簿。保存所有打开的工作表。
- 自动保存工作簿。将工作簿自动保存在与原始文件相同的位置中，在出现问题时可以进行恢复。
- 保存打包工作簿。将工作簿连同所有引用的本地文件数据源和图像保存在单个文件内。
- 保存书签。只保存当前工作表。

下面分别对这 4 种方法进行介绍。

（1）保存工作簿。

在打开 Tableau 时，它会自动创建一个新工作簿。工作簿由一个或多个工作表、仪表板或故事等组成，可以用于保存工作成果。在菜单栏中选择"文件"→"保存"命令，然后在弹出的"另存为"对话框中，指定工作簿的保存路径和文件名，单击"保存"按钮 保存(S) ，即可完成对工作簿的保存操作，如图 5-56 所示。

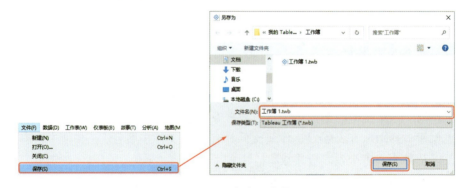

图 5-56　保存工作簿

在默认情况下，Tableau 使用.twb 文件扩展名来保存文件，并将工作簿保存在"我的 Tableau 存储库"文件夹中的"工作簿"文件夹中。当然，我们可以将 Tableau 工作簿保存到任何目录中。如果要保存打开的工作簿的副本，则可以选择"文件"→"另存为"命令，并使用新名称保存文件。

（2）自动保存工作簿。

Tableau 每隔几分钟就会自动保存工作成果，不再会出现因为 Tableau 意外关闭而丢失工作成果的情况。在默认情况下，此功能处于启用状态，可以通过在菜单栏中选择"帮助"→"设置和性能"→"启用自动保存"命令来关闭此功能。

如果出现 Tableau 崩溃或停电等意外情况，系统将自动创建工作簿的可恢复版本，其文件扩展名为.twbr，保存在原始文件所在的相同位置或保存在"我的 Tableau 存储库"文件夹中的"工作簿"文件夹中。当重新打开 Tableau 时，"文件恢复"对话框将显示一个已恢复文件的列表，可以选择并打开该文件以继续进行操作。

（3）保存打包工作簿。

打包工作簿包含工作簿，以及所有引用的本地文件数据源和图像的副本。该工作簿不再链接到原始数据源和图像，而是以.twbx 文件扩展名来保存这些工作簿，其他用户可以使用 Tableau 打开打包工作簿，而不需要访问工作簿所包含的数据源。

保存打包工作簿的方法有两种，现在分别介绍如下。

一种方法是在菜单栏中选择"文件"→"另存为"命令，在弹出的"另存为"对话框中指定打包工作簿的保存路径和文件名，并在"保存类型"下拉列表中选择"Tableau 打包工作簿（*.twbx）"选项，然后单击"保存"按钮 保存(S)，如图 5-57 所示。

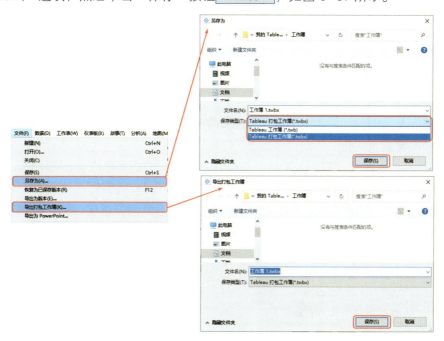

图 5-57　保存打包工作簿

另一种方法是在菜单栏中选择"文件"→"导出打包工作簿"命令，在弹出的"导出打包工作簿"对话框中指定打包工作簿的保存路径和文件名，然后单击"保存"按钮 保存(S)（见图 5-57）。

（4）保存书签。

可以将单个工作表保存为 Tableau 书签。当保存书签时，Tableau 将创建工作表的快照。使用"书签"菜单可以从任何工作簿访问书签。当打开已加入书签的工作表时，会将工作表以最初加入书签时的状态添加到工作簿，而不会自动更新或更改。如果有经常使用的工作表，则使用书签会非常方便。

在菜单栏中选择"窗口"→"书签"→"创建书签"命令，在弹出的"创建书签"对话框中指定书签的保存路径和文件名，然后单击"保存"按钮 保存(S)，如图 5-58 所示。

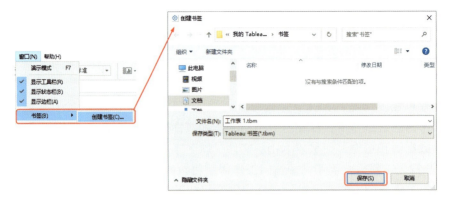

图 5-58 保存书签

Tableau 使用.tbm 文件扩展名来保存书签。书签默认的存储位置为"我的 Tableau 存储库"文件夹中的"书签"文件夹,未存储在该文件夹中的书签不会显示在"书签"菜单中。

 注意

书签通常是工作表的快照,包括数据连接、格式设置等;书签不包括参数值及"页面"功能区上的当前页面设置。

9. 将视图从 Tableau 导出到另一个应用程序中

1)将视图复制为图像

可以将单独的视图快速复制为图像并将其粘贴到另一个应用程序中,如 Microsoft Word 或 Excel。在工作表工作区界面的菜单栏中选择"工作表"→"复制"→"图像"命令,并在弹出的"复制图像"对话框中选择要包括在图像中的内容及图像选项,然后单击"复制"按钮 复制 ,如图 5-59 所示。此时,Tableau 会将当前视图复制到剪切板中,然后在另一个应用程序中从剪贴板进行粘贴。

图 5-59 将视图复制为图像

在仪表板工作区界面的菜单栏中选择"仪表板"→"复制图像"命令,在故事工作区界面的菜单栏中选择"故事"→"复制图像"命令(见图 5-59),就可以将仪表板中的整个视图或故事中当前故事点的整个视图复制到剪贴板中。当使用这两种方法复制图像时,Tableau 不会弹出"复制图像"对话框。

2）将视图导出为图像文件

如果想要创建可以重复使用的图像文件，则需要将视图导出为图像文件，而不是将视图复制为图像。在工作表工作区界面的菜单栏中选择"工作表"→"导出"→"图像"命令，在弹出的"导出图像"对话框中选择要包括在图像中的内容及图像选项，然后单击"保存"按钮 保存... ，将会弹出"保存图像"对话框，找到想要保存图像文件的位置，选择图像文件的类型，并输入文件名，单击"保存"按钮 保存(S) ，即可将该视图导出为图像文件，如图5-60所示。

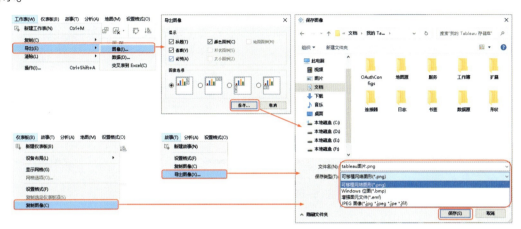

图 5-60　将视图导出为图像文件

在仪表板工作区界面的菜单栏中选择"仪表板"→"导出图像"命令，在故事工作区界面的菜单栏中选择"故事"→"导出图像"命令（见图 5-60），就可以将仪表板中的整个视图或故事中当前故事点的整个视图导出为图像文件。

3）导出为 PowerPoint 演示文稿

当将工作簿导出为 PowerPoint 演示文稿时，所选的工作表将成为单独幻灯片上的静态 PNG 图像。如果导出故事工作表，则会将所有故事点导出为单独的幻灯片。当前在 Tableau 中应用的任何筛选器都反映在导出的演示文稿中。

以故事工作区为例，将故事工作表导出为 PowerPoint 演示文稿的操作步骤为：选择菜单栏中的"文件"→"导出为 PowerPoint..."命令，在弹出的"导出 PowerPoint"对话框中选择要包括在演示文稿中的工作表，然后单击"导出"按钮 导出 ，将会弹出"保存 PowerPoint"对话框，找到想要保存 PowerPoint 演示文稿的位置，输入文件名后，单击"保存"按钮 保存(S) ，即可将所选的工作表导出为 PowerPoint 演示文稿，如图 5-61 所示。

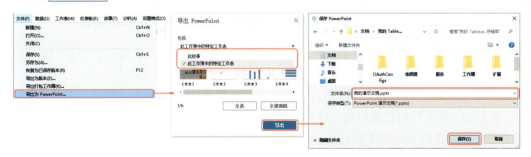

图 5-61　导出为 PowerPoint 演示文稿

4）导出为 PDF 文件

如果想要创建嵌入 Tableau 字体且基于矢量的文件，则可以将工作簿导出为 PDF 文件。选择菜单栏中的"文件"→"打印为 PDF"命令，在弹出的"打印为 PDF"对话框中设置好导出范围、纸张尺寸和其他选项后，单击"确定"按钮 确定 ，将会弹出"保存 PDF"对话框，找到想要保存 PDF 文件的位置，输入文件名后，单击"保存"按钮 保存(S) ，这样可以将整个工作簿、当前工作表或选定工作表导出为 PDF 文件，如图 5-62 所示。

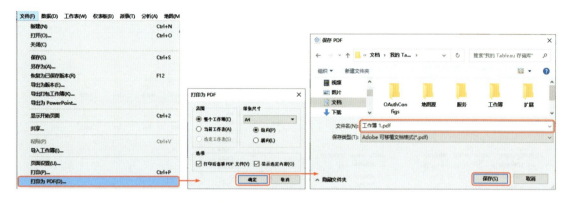

图 5-62　导出为 PDF 文件

在导出为 PowerPoint 演示文稿或 PDF 文件之前，建议选择菜单栏中的"文件"→"页面设置"命令，在弹出的"页面设置"对话框中，根据需要自定义页面元素的布局后，再进行导出操作。

任务二　Tableau 数据可视化应用

任务引入

在掌握了 Tableau 的基础操作之后，小白切身感受到了 Tableau 的简单和易用，于是就迫不及待地希望能够在今后的实际工作中，通过 Tableau 来制作各种可视化图表。那么，使用 Tableau 可以创建哪些初级图表呢？使用 Tableau 又可以创建哪些高级图表呢？

知识准备

在掌握 Tableau 的基础操作之后，我们就可以使用 Tableau 简单、快速地制作出具有针对性、交互性、美观性的数据可视化作品了。下面将通过具体的案例来介绍如何使用 Tableau 创建各种类型的数据可视化作品。

项目五 Tableau 数据可视化

一、初级可视化应用

我们首先介绍如何使用 Tableau 来创建一些初级图表，如条形图、饼图、直方图、散点图等。在学习创建这些初级图表的过程中，可以学习到创建各类初级图表的操作过程和使用它们进行可视化分析的方法。

如果没有特殊说明，以下案例均以 Tableau 自带的"示例–超市.xls"文件为数据源（在"我的 Tableau 存储库\数据源\2021.4\zh_CN-China"文件夹中）。

1．条形图

条形图是常用的统计图表之一。通过条形图可以快速地对比各信息值的高低，尤其是当数据分为几个类别时，使用条形图会很有效，可以很容易地发现各数据之间的比较情况。

案例——制作某超市各区域各类产品的销售额与利润的条形图

（1）打开 Tableau，在开始界面中选择"连接"→"到文件"→"Microsoft Excel"选项，导入"示例–超市.xls"文件，进入数据源界面。将"订单"工作表从左侧窗格拖放到画布内，建立与"订单"工作表的数据连接，单击标签栏中的"工作表 1"标签，即可进入 Tableau 工作表工作区界面，如图 5-63 所示。

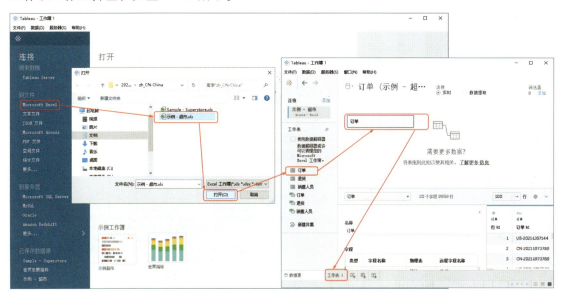

图 5-63　导入文件并进入 Tableau 工作表工作区界面

（2）将"销售额"字段拖放到"列"功能区中，将"区域"字段拖放到"行"功能区中，然后单击工具栏中的"降序排序"按钮，如图 5-64 所示。由该视图可以看出，销售额最高的两个区域为华东和中南区域，销售额最低的两个区域是西南和西北区域。

（3）将"类别"字段拖放到"行"功能区内"区域"字段的右侧，然后单击工具栏中的"降序排序"按钮，如图 5-65 所示。

（4）将"利润"字段拖放到标记卡中的"颜色"控件上，单击视图区右侧颜色图例右上

角的下拉按钮 ，在弹出的下拉菜单中选择"编辑颜色…"命令，在弹出的"编辑颜色[利润]"对话框的"色板"下拉列表中选择"橙色-蓝色 发散"选项，勾选"使用完整颜色范围"复选框，然后单击"确定"按钮 ，如图5-66所示。

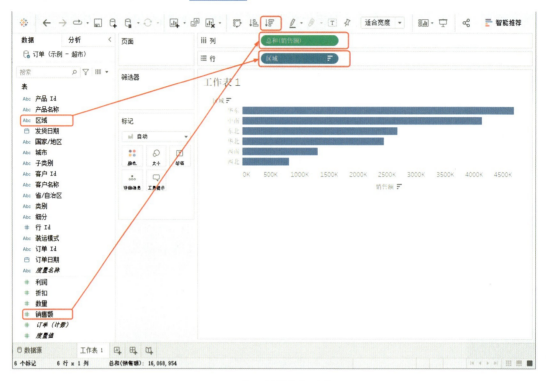

图5-64　各区域销售额的条形图

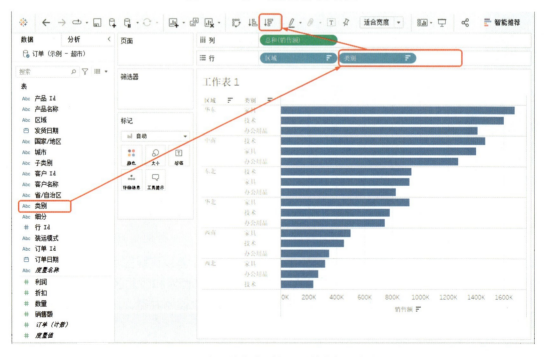

图5-65　各区域各类别产品的销售额的条形图

项目五　Tableau 数据可视化

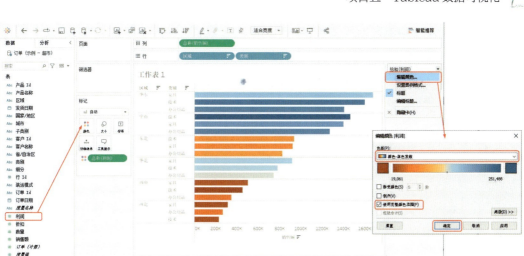

图 5-66　各区域各类别产品的销售额和利润的条形图

（5）将"利润"字段拖放到标记卡中的"标签"控件上；在菜单栏中选择"工作表"→"显示摘要"命令，会在视图区的右侧显示出摘要；双击工作表1的标题，可以在弹出的"编辑标题"对话框中修改工作表的标题，创建完成的条形图如图 5-67 所示。从该视图中可以看出，虽然东北区域的销售额比华北区域的销售额高，但是华北区域的利润远超东北区域的利润；而西南、西北区域的销售额和利润均不乐观。

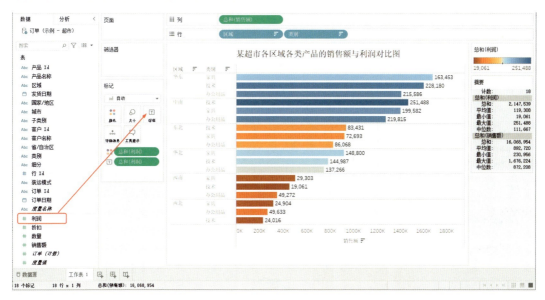

图 5-67　创建完成的条形图

（6）单击工具栏中的"交换"按钮，可以将水平条形图转置为垂直条形图，如图 5-68 所示。

（7）单击工具栏中的"智能推荐"按钮，在展开的"智能推荐"窗格中单击"堆积条"按钮，将垂直条形图切换为堆积条形图，然后选中"行"功能区中的"总和（利润）"字段，单击工具栏中的"降序排序"按钮，如图 5-69 所示。从该视图中可以看出，虽然华东区域的销售额高于中南区域的销售额,但是中南区域的利润高于华东区域的利润。

图 5-68　垂直条形图

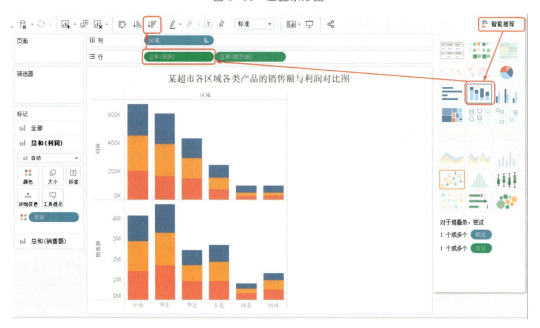

图 5-69　堆积条形图

(8)单击"智能推荐"窗格中的"并排条"按钮 ,可以将堆积条形图切换为并排条形图,然后单击标签栏中的"工作表 1"标签,在弹出的快捷菜单中选择"重命名"命令,输入新的工作表名称"条形图",如图 5-70 所示。

项目五 Tableau 数据可视化

图 5-70 并排条形图

2. 线形图

线性图可以将独立的数据点连接起来，因此可以通过线形图在大量连续的点之中发现数据变化的趋势，根据数值是连续的还是离散的，绘制出的图可以是曲线或折线。

案例——制作某超市销售额变化的线形图

（1）在图 5-70 所示内容的基础上，单击标签栏中的"新建工作表"按钮，新建一个工作表，将"销售额"字段拖放到"行"功能区中，将"订单日期"字段拖放到"列"功能区中，如图 5-71 所示。从该视图中可以看出，每年的销售额都在上升。

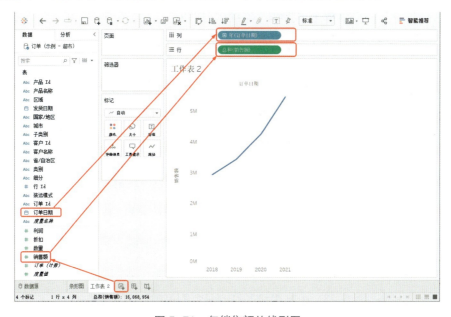

图 5-71 年销售额的线形图

（2）单击"列"功能区内"年（订单日期）"字段前的小加号，会在右侧多出一个"季度（订单日期）"字段，再单击该字段前面的小加号，又会多出一个"月（订单日期）"字段，同时视图区内的图形随之发生变化，如图 5-72 所示。从该视图中可以看出，每年年初的第一个季度的销售额都会出现下降。

图 5-72　月销售额的线形图

 提示

在 Tableau 中，日期数据类型会先自动聚合到"年"级别。我们可以对日期数据进行逐层展开，过程是年、季度、月和日。这些字段前面的小加号是下钻标识，单击它就可以展开下钻。

（3）将"列"功能区内的"季度（订单日期）"字段拖放到功能区和视图区之外的区域，然后在"智能推荐"窗格中单击"折线（连续）"按钮，如图 5-73 所示。从该视图中可以看出，2018 年至 2021 年每个月销售额的变化趋势。

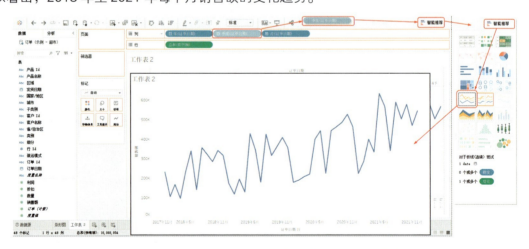

图 5-73　2018 年至 2021 年每个月销售额的变化趋势

（4）将"订单日期"字段拖放到标记卡中的"颜色"控件上，然后在"列"功能区中的"月（订单日期）"字段上右击，在弹出的快捷菜单中选择上面的"月"命令，即可将横轴变为月份，而将每年的销售额以不同的颜色进行显示，如图 5-74 所示。从该视图中可以看出，每年七月份的销售额都会出现下降。

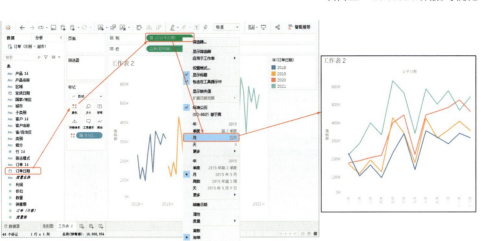

图 5-74 各个月份销售额的变化趋势

 提示

通过在"列"功能区中的"月（订单日期）"字段上右击所弹出的快捷菜单中，有两部分内容（年、季度、月、天、更多）看似相同，但从后面的提示可以看出，这两部分内容实际上是不同的。例如，月份，上面只是"月　五月"，而下面则是"月　2015 年 5 月"，选择这两个命令后在视图区内所绘制的横轴是不相同的。

（5）在"列"功能区中的"月（订单日期）"字段上右击，然后在弹出的快捷菜单中选择上面的"更多"→"工作日"命令，即可查看每个工作日销售额的变化趋势，如图 5-75 所示。从该视图中可以看出，每周星期一的销售额都会有所下降。

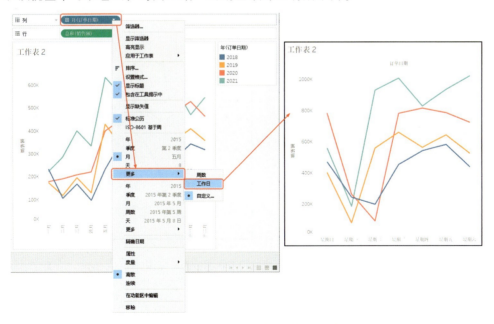

图 5-75 每个工作日销售额的变化趋势

（6）为了使折线更加清晰，我们可以为折线添加形状。将"销售额"字段拖放到"行"功能区中的"总和（销售额）"字段的右侧，这时会出现两个折线图，在标记卡中选中"总和（销售额）（2）"选项，即选择下面的折线图，然后将标记类型设置为"形状"，将"订单日期"字段拖放到标记卡中的"形状"控件上，右击标记卡中的"季度（订单日期）"字段，在弹出的快捷菜单中选择上面的"年"命令，如图 5-76 所示。

图 5-76　添加一个折线图

（7）右击"行"功能区中的第二个"总和（销售额）"字段，在弹出的快捷菜单中选择"双轴"命令，然后在视图区内右侧的坐标轴上右击，在弹出的快捷菜单中选择"同步轴"命令，即可将折线图和形状图合为一张图，如图 5-77 所示。

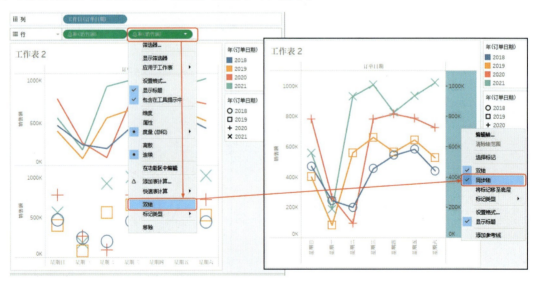

图 5-77　将折线图和形状图合为一张图

🔍 提示

如果不进行同步轴的操作，则左右两条坐标轴上的刻度会不一致，这样容易使阅读者在阅读该图时产生误解。

（8）由于图5-77中有一部分形状发生了重叠，这时可以通过在菜单栏中多次选择"设置格式"→"单元格大小"→"缩小"命令，或者通过按键盘上的Ctrl+B组合键，将形状调整到合适大小。右击"行"功能区中的第二个"总和（销售额）"字段，在弹出的快捷菜单中选择"显示标题"命令，取消其前面的对号。由于此视图中已经有形状来区别各个年度，因此可以将颜色图例隐藏，单击视图区右侧"年（订单日期）"颜色图例右上方的下拉按钮，在弹出的下拉菜单中选择"隐藏卡"命令，如图5-78所示。

（9）将工作表的标题修改为"工作日销售额趋势图"，将该工作表重命名为"线形图"，结果如图5-79所示。

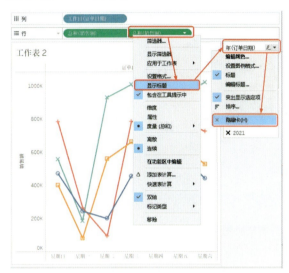
图5-78 隐藏第二坐标轴和颜色图例

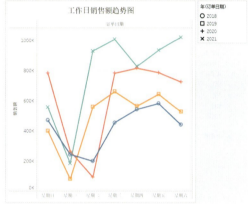
图5-79 制作完成的线形图

3．饼图

饼图一般只用于展示相对比例或百分比情况。

案例——制作某超市各区域利润占比的饼图

（1）在图5-79所示内容的基础上，新建一个工作表，将标记卡中的标记类型设置为"饼图"，将"区域"字段拖放到标记卡中的"颜色"控件上，将"利润"字段拖放到标记卡中的"角度"控件上，然后单击工具栏中的"显示标记标签"按钮，在饼图上显示标签，单击"适合"按钮，在下拉列表中选择"整个视图"选项，如图5-80所示。

（2）将"区域"和"利润"字段依次拖放到标记卡中的"标签"控件上，右击标记卡中最下面的"总和（利润）"字段，在弹出的快捷菜单中选择"快速表计算"→"合计百分比"命令。这时，我们发现西北区域的利润数值并没有显示出来，右击代表西北区域利润数值的扇形，在弹出的快捷菜单中选择"标记标签"→"始终显示"命令，如图5-81所示。

（3）在图5-81中，细心的读者会发现，各区域利润所占的百分比之和为100.01%，而不是100%，因此需要对其进行调整。右击标记卡中最下面的"总和（利润）"字段，在弹出的快捷菜单中选择"设置格式..."命令，将会在界面左侧弹出"设置"窗格，然后单击"默认值"区域中的"数字"下拉按钮,在弹出的窗口左侧的列表中选择"百分比"选项,在该窗口的右侧将"小数位数"设置为"1",视图区中饼图的各百分比数值将会自动进行调整,设置完成后关闭界面左侧的"设置"窗格,如图 5-82 所示。

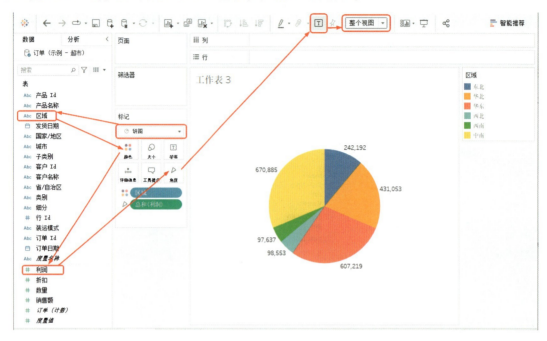

图 5-80 创建饼图

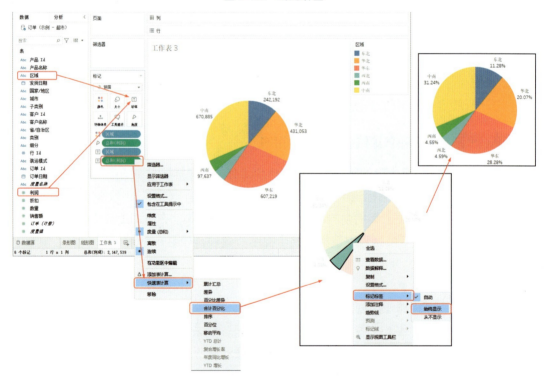

图 5-81 将利润数值调整为百分比

项目五 Tableau 数据可视化

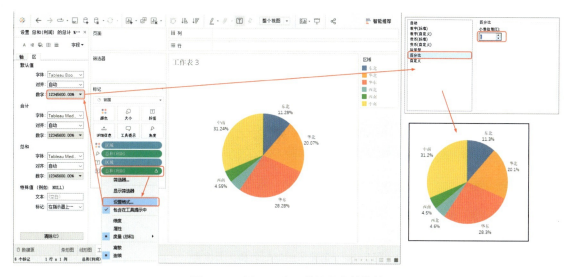

图 5-82 设置百分比数值的小数位数

（4）下面对各区域进行排序，单击界面右侧颜色图例右上方的下拉按钮，在弹出的下拉菜单中选择"排序"命令，在弹出的"排序"对话框中将"排序依据"设置为"手动"，然后在下面的区域列表中选择任意一项，就可以通过右侧的移动按钮来调整饼图中各区域的顺序，这里我们按照各区域利润的百分比大小进行排序，如图 5-83 所示。

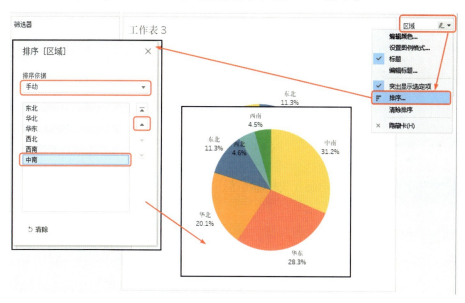

图 5-83 调整饼图中各区域的顺序

（5）下面需要对饼图中各区域的颜色进行调整，单击界面右侧颜色图例右上方的下拉按钮，在弹出的下拉菜单中选择"编辑颜色"命令，在弹出的"编辑颜色"对话框中单击"重置"按钮 重置(R) ，然后单击"确定"按钮 确定 ，将饼图的配色重置为默认。我们发现其中西北区域的标签位置不太合适，需要对其位置进行调整。在视图区中选中该标签，当出现十字光标时，将其拖放到合适位置，如图 5-84 所示。

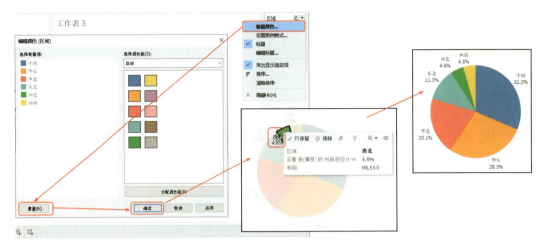

图 5-84　调整饼图的配色和标签位置

（6）将工作表的标题修改为"某超市各区域利润占比"，将该工作表重命名为"饼图"，隐藏颜色图例，结果如图 5-85 所示。

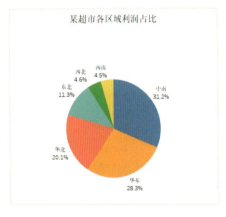

图 5-85　制作完成的饼图

4. 文本表

文本表，即一般意义上的表格，它是一种最为直观的数据表现方式，在数据分析中具有不可忽视的作用。它可以代替冗长的文字叙述，便于计算、分析和对比，但缺点是不够形象、直观，当数据量较大时，很难快速定位到所需信息。在 Tableau 中，通常通过在"行"功能区中放置一个维度字段并在"列"功能区中放置另一个维度字段来创建文本表（又称交叉表或数据透视表），然后将一个或多个度量字段拖动到标记卡中的"文本"控件上来完成视图的创建。

● 案例——制作某超市按年份和子类别显示总销售额的文本表

（1）在图 5-85 所示内容的基础上，单击标签栏中的"新建工作表"按钮 ，将"订单日期"字段拖放到"列"功能区中，Tableau 会按年份聚合日期，并创建列标题；将"子类别"字段拖放到"行"功能区中；将"销售额"字段拖放到标记卡中的"文本"控件上，Tableau 将该度量字段聚合为总和，如图 5-86 所示。通过浏览该文本表，我们可以发现，2018 年器具子类别的销售额最高，2019 年书架子类别的销售额最高，2020 年复印机子类别的销售额最高，2021 年书架子类别的销售额最高，在寻找这些信息的过程中，我们也可以切身感受到，通过文本表不容易定位到所需要的信息。

（2）将"区域"字段拖放到"行"功能区中的"子类别"字段的左侧，可以向文本表中增加区域的列标题，视图会按区域、子类别及年份显示销售额，如图 5-87 所示。此时只能看到华北区域的部分数据，通过右侧的滚动条，向下滚动可以查看到其他区域的数据。

（3）在"行"功能区中，如果将"区域"字段拖放到"子类别"字段的右侧，则视图将首先按子类别组织，然后按区域组织，如图 5-88 所示。

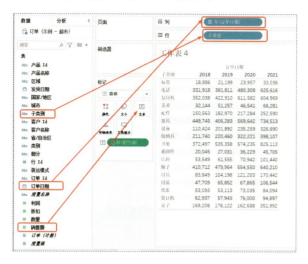

图 5-86　创建文本表

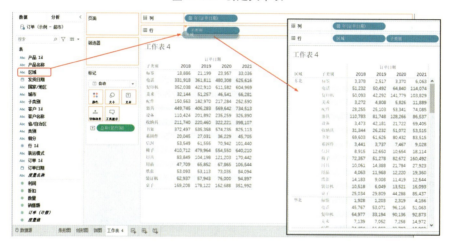

图 5-87　向视图中增加区域的列标题

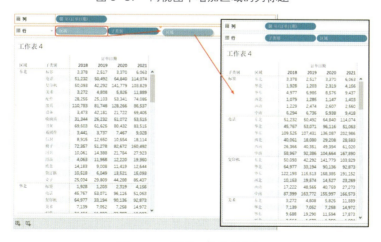

图 5-88　调整工作表的组织

（4）将工作表的标题修改为"某超市近四年各区域销售额一览表"，将该工作表重命名为"文本表"，完成文本表的创建。

5．突出显示表

在上面的文本表中，浏览大量数据并从中寻找到如最大值、最小值的信息是比较困难的一件事，因为这需要我们记住所有浏览的数据并进行相互的对比。使用突出显示表，可以用颜色比较分类数据，有利于数据之间的对比。

想要在 Tableau 中创建突出显示表，可以先将一个或多个维度字段分别拖放到"列"功能区或"行"功能区中，然后选择"方形"作为标记类型并将相关度量字段拖动到"颜色"控件上，还可以添加数据以提供更详细的信息。

● **案例——制作某超市利润随区域、产品子类别和客户细分的变化突出显示表**

（1）在图 5-88 所示内容的基础上，新建一个工作表，将"细分"字段拖放到"列"功能区中，将"区域"和"子类别"字段依次拖放到"行"功能区中，并将"子类别"字段放在"区域"字段的右侧；将标记卡中的标记类型设置为"方形"，将"利润"字段拖放到"颜色"控件上，然后单击工具栏中的"显示标记标签"按钮，如图 5-89 所示。在此视图中，拖动右侧的滚动条，显示出中南区域的数据，可以非常容易地看到，在消费者的细分中，复印机显示为利润最高的子类别，而桌子、美术子类别的利润最低。

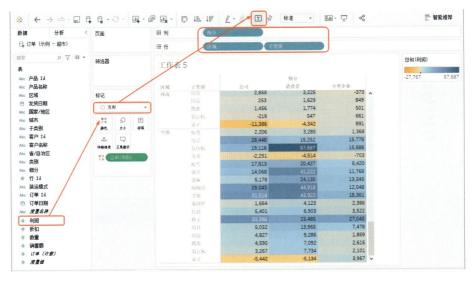

图 5-89　创建突出显示表

（2）单击标记卡中的"颜色"控件，将会弹出配置窗口，在"边界"下拉列表中为单元格的边框选择中灰色，这样能够使视图中的各个单元格更容易被看到；默认的调色板为"橙色-蓝色发散"，但是"红色-绿色发散"调色板可能更适用于显示利润，如果需要更改，则将鼠标指针悬停在"总和（利润）"颜色图例上，然后单击右上方的下拉按钮，在弹出的下拉菜单中选择"编辑颜色"命令，在弹出的"编辑颜色[利润]"对话框中的"色板"下拉列表中选择"红色-绿色发散"选项，勾选"使用完整颜色范围"复选框，单击"确定"按钮 确定 ，如图 5-90 所示。

项目五　Tableau 数据可视化

图 5-90　对突出显示表进行进一步的修饰

（3）将工作表的标题修改为"某超市利润随区域、产品子类别和客户细分的变化情况表"，将该工作表重命名为"突出显示表"，完成突出显示表的创建。

6．热图

可以通过设置表单元格的大小和形状来创建热图，从而增强这种基本突出显示表。

案例——制作某超市销售额和利润随区域、产品子类别和客户细分的变化热图

（1）在图 5-90 所示内容的基础上，右击标签栏中的"突出显示表"标签，在弹出的快捷菜单中选择下面的"复制"命令，创建该工作表的副本，然后单击工具栏中的"显示标记标签"按钮，如图 5-91 所示。

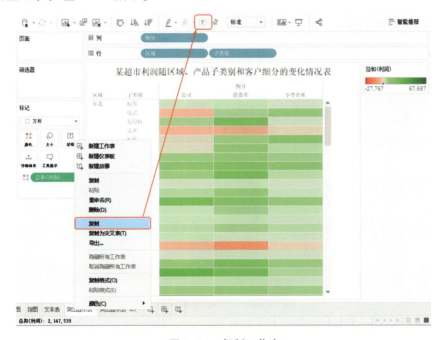

图 5-91　复制工作表

（2）将"销售额"字段拖放到标记卡中的"大小"控件上，以便通过"销售额"字段来控制方框的大小。现在视图中显示的方框过小，需要进行调整，可以通过单击标记卡中的"大小"控件来显示出大小滑块，将滑块向右拖动，直到视图中的方框达到最佳大小，如图5-92所示。通过该热图，可以比较各区域、各产品子类别和客户细分的绝对销售额（按方框的大小）与利润（按颜色）。

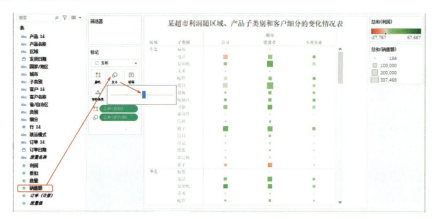

图 5-92 创建热图

（3）将工作表的标题修改为"某超市销售额和利润随区域、产品子类别和客户细分的变化情况表"，将该工作表重命名为"热表"，完成热图的创建。

7. 直方图

直方图又称质量分布图、柱形图，它是由一系列高度不等的纵向条纹或线段表示数据分布情况的统计图。直方图看起来像条形图，但是将连续度量的值分组为范围。

案例——制作某超市销售数量分布情况的直方图

（1）在图5-92所示内容的基础上，新建一个工作表，将"数量"字段拖放到"列"功能区中，在"智能推荐"窗格中单击"直方图"按钮，如图5-93所示。

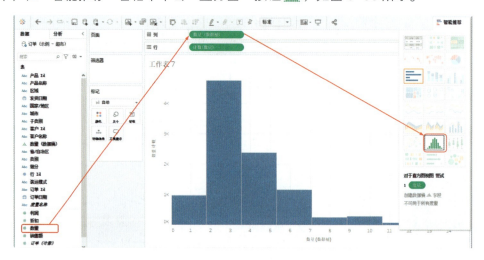

图 5-93 创建直方图

（2）此时，在"数据"窗格的"维度"区域中将生成一个"数量（数据桶）"字段，用于定义横轴的组距，由于数量一般是整数，为了更加清晰，可以对其进行设置。在"数据"窗格中的"数量（数据桶）"字段上右击，在弹出的快捷菜单中选择"编辑..."命令，将会弹出"编辑数据桶[数量]"对话框，然后将"数据桶大小"设置为"1"，单击"确定"按钮，如图5-94所示。从该视图中可以看出，包含1件商品的订单大约有1000个（第1个矩形），包含2件或3件商品的订单各有2400个左右（第2个和第3个矩形），以此类推。

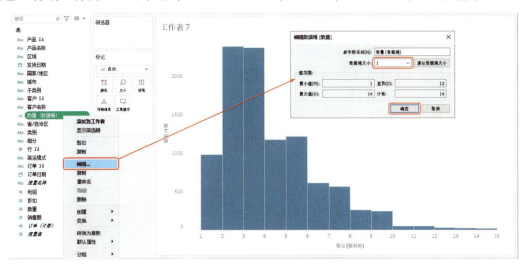

图5-94 调整横轴的组距

（3）将"细分"字段拖放到标记卡中的"颜色"控件上，按住键盘上的Ctrl键，将"计数（数量）"字段拖放到标记卡中的"标签"控件上，如图5-95所示。从该视图中可以看出，公司、消费者、小型企业的订单所包含商品数量的分布情况。

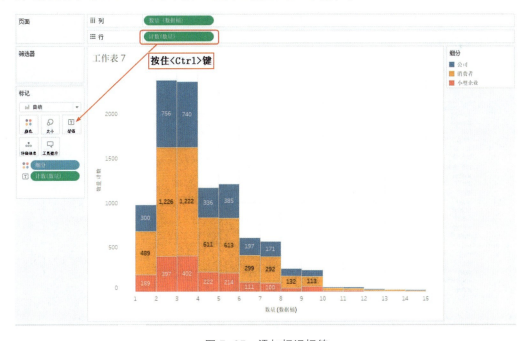

图5-95 添加标记标签

（4）将工作表的标题修改为"某超市销售数量分布情况"，将该工作表重命名为"直方图"，完成直方图的创建。

8. 填充气泡图

使用填充气泡图可以在一组气泡中显示数据。维度字段用于定义各个气泡，度量字段用于定义各个气泡的大小和颜色。

案例——制作某超市不同产品类别的销售额和利润的填充气泡图

（1）在图 5-95 所示内容的基础上，新建一个工作表，将"类别"字段拖放到"列"功能区中，将"销售额"字段拖放到"行"功能区中，Tableau 会显示一个条形图（默认图表类型）；单击工具栏中的"智能推荐"按钮 智能推荐 ，然后在弹出的"智能推荐"窗格中选择填充气泡图图表类型，将创建一个填充气泡图，如图 5-96 所示。

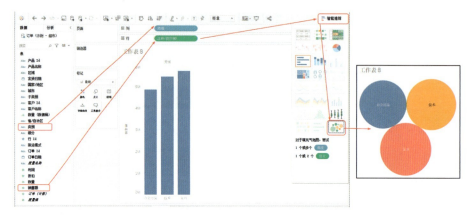

图 5-96 创建填充气泡图

（2）将"区域"字段拖放到标记卡中的"详细信息"控件上，将在视图中创建更多的气泡，如图 5-97 所示。

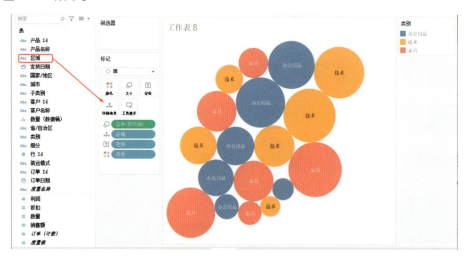

图 5-97 向填充气泡图中添加区域信息

（3）将"利润"字段拖放到标记卡中的"颜色"控件上，通过气泡的大小显示不同的区域和类别组合的销售额，通过气泡的颜色深浅表示利润的多少，如图 5-98 所示。

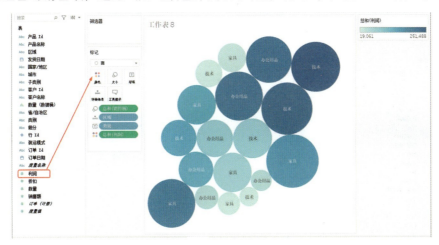

图 5-98　向填充气泡图中添加利润信息

（4）将"区域"字段拖放到标记卡中的"标签"控件上，显示每个气泡所代表的区域，然后将工作表的标题修改为"某超市不同产品类别的销售额和利润的填充气泡图"，将该工作表重命名为"填充气泡图"，完成填充气泡图的创建，如图 5-99 所示。

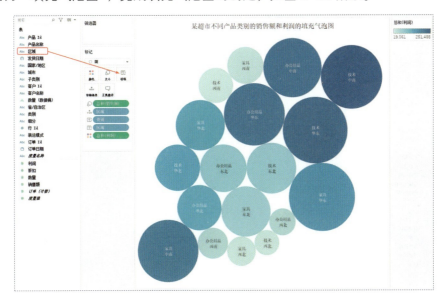

图 5-99　创建完成的填充气泡图

9．散点图

散点图通常用在需要分析不同字段之间是否存在某种关系时，通过散点图可以有效地发现数据的某种趋势、集中度及其中的异常值。在默认情况下，Tableau 使用形状标记类型，根据数据，散点图可以使用多种标记类型，如圆或方形等。

案例——制作某超市销售额与利润的散点图

（1）在图 5-99 所示内容的基础上，新建一个工作表，将度量字段"利润"拖放到"列"

功能区中，Tableau 会将该度量字段聚合为总和并创建水平轴；将度量字段"销售额"拖放到"行"功能区中，Tableau 会将该度量字段聚合为总和并创建垂直轴，同时自动创建单个标记的散点图，如图 5-100 所示。

图 5-100　创建散点图

（2）将维度字段"类别"拖放到标记卡中的"颜色"控件上，这会将数据点分成 3 种颜色的标记，如图 5-101 所示。从该视图中可以看到各类别产品的销售额和利润。

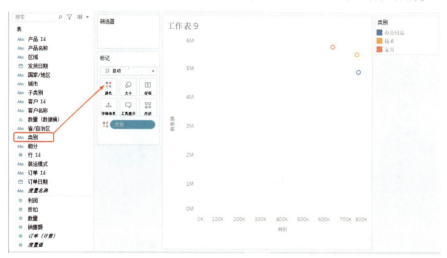

图 5-101　将类别信息添加到散点图中

（3）将维度字段"区域"拖放到标记卡中的"形状"控件上，这会将区域信息添加到散点图中，并以不同的形状来区分各个区域的数据点，如图 5-102 所示。

（4）将左侧窗格切换到"分析"窗格，将"模型"区域内的"趋势线"模型拖放到视图区中，在弹出的模型类型中选择"对数"选项，即可向视图区内添加趋势线，如图 5-103 所示。

（5）将工作表的标题修改为"某超市销售额与利润的散点图"，将该工作表重命名为"散点图"，完成散点图的创建。

项目五　Tableau 数据可视化

图 5-102　将区域信息添加到散点图中

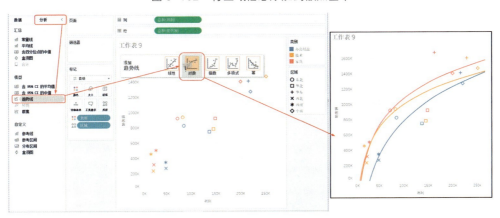

图 5-103　向视图区内添加趋势线

10．树状图

树状图又称树地图、树形图，其使用一组嵌套矩形来显示数据。

案例——制作某超市产品子类别的销售额和利润的树状图

（1）在图 5-103 所示内容的基础上，新建一个工作表，将维度字段"子类别"拖放到"列"功能区中，将度量字段"销售额"拖放到"行"功能区中，然后单击工具栏中的"智能推荐"按钮 智能推荐，选择树状图图表类型，如图 5-104 所示。在该树状图中，矩形的大小及其颜色均由"销售额"的数值决定，每个子类别的总销售额越大，它的框就越大，颜色也越深。

（2）将度量字段"利润"拖放到标记卡中的"颜色"控件上，由"利润"确定矩形的颜色，而"销售额"确定矩形的大小，如图 5-105 所示。

（3）将工作表的标题修改为"某超市产品子类别销售额和利润的树状图"，将该工作表重命名为"树状图"，完成树状图的创建。

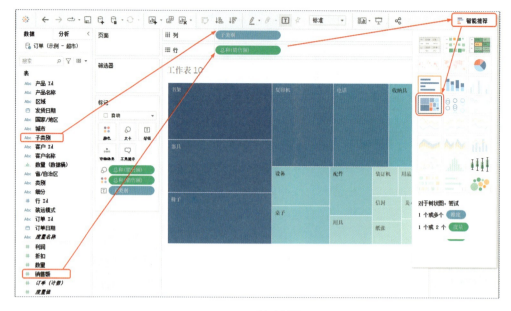

图 5-104　创建树状图

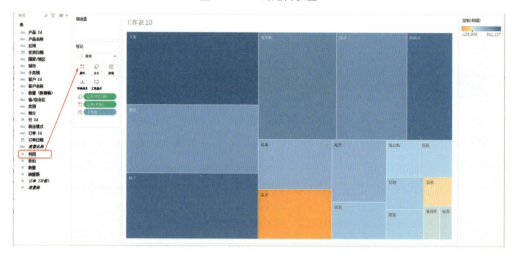

图 5-105　将利润信息添加到树状图中

11．甘特图

甘特图又称横道图、条状图，其以图示的方式来显示项目、进度和其他与时间相关的系统进展的内在关系随着时间进展的情况。甘特图的基础是条形图，横轴表示时间，纵轴表示活动（项目），横条表示在整个期间计划和实际的活动完成情况。

◉ 案例——制作某超市订单日期和发货日期之间平均要经过多少天的甘特图

（1）在图 5-105 所示内容的基础上，新建一个工作表，将维度字段"订单日期"拖放到"列"功能区中，在"列"功能区中单击"年份（订单日期）"字段右侧的下拉按钮，然后在弹出的下拉菜单中选择下面的"周数"命令，如图 5-106 所示。由于四年的周数太多，各周由刻度线指示，无法在视图中显示为标签。

项目五 Tableau 数据可视化

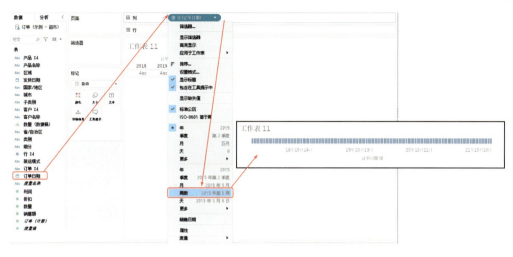

图 5-106 创建列标题

（2）将维度字段"子类别"和"装运模式"依次拖放到"行"功能区中，"装运模式"字段位于"子类别"字段的右侧，如图 5-107 所示。

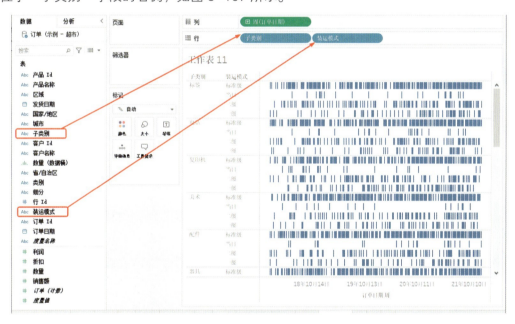

图 5-107 创建行的两级维度字段分层结构

（3）为了根据订单日期和发货日期之间的间隔长短来确定标记的长短，首先需要创建一个计算字段来存储该间隔。右击"数据"窗格中的任意字段，在弹出的下拉菜单中选择"创建"→"计算字段"命令，或者在菜单栏中选择"分析"→"创建计算字段"命令，在弹出的计算对话框中，将计算字段命名为"间隔天数"，在清除默认情况下位于公式文本框中的任何内容之后，在公式文本框中输入公式"DATEDIFF('day',[订单日期],[发货日期])"，然后单击"确定"按钮 确定 ，如图 5-108 所示。该公式可以创建一个存储"订单日期"与"发货日期"值之间的差异的自定义度量字段（以天为单位）。

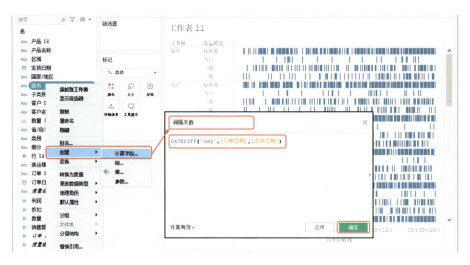

图 5-108 创建计算字段

🔍 提示

DATEDIFF()函数的公式格式为"DATEDIFF(date_part,date1,date2,[start_of_week])",返回date1与date2之差（以date_part的单位表示）。其中，参数start_of_week（可用于指定哪一天是一周的第一天）是可选的，如果省略，则一周的开始由数据源确定。date_part可以是'year'（年）、'month'（月）、'week'（星期）、'day'（天）。

（4）将度量字段"间隔天数"拖放到标记卡中的"大小"控件上，然后右击标记卡中的"间隔天数"字段，在弹出的下拉菜单中选择"度量（求和）"→"平均值"命令，如图5-109所示。

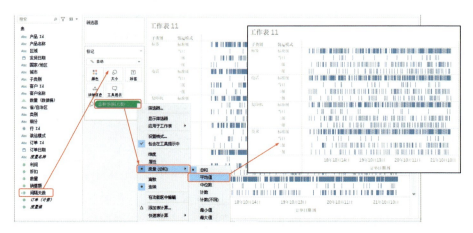

图 5-109 修改"间隔天数"字段的聚合方式

（5）由于上面视图中的标记的数量太多，难以进行阅读，下面筛选出一个更小的时间窗口，使数据更易于阅读。按住键盘上的Ctrl键，并将"周（订单日期）"字段从"列"功能区拖放到"筛选器"功能区中，在弹出的"筛选器字段[订单日期]"对话框的列表中选择"日期范围"选项，单击"下一步"按钮 。Tableau会弹出"筛选器[订单日期]"对话框，在"日期范围"区域中的文本框中输入所需要的日期，本案例中输入"2021/1/1"和

"2021/3/31",然后单击"确定"按钮,如图 5-110 所示。

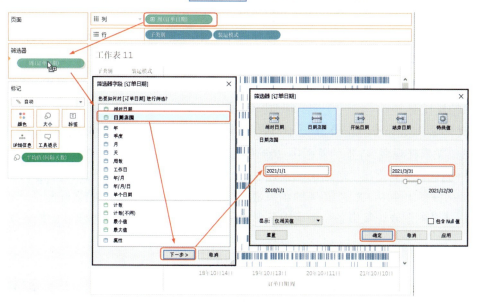

图 5-110 筛选时间窗口

(6)将维度字段"装运模式"拖放到标记卡中的"颜色"控件上,视图区中将显示订单日期与发货日期之间的间隔天数的各种信息。将工作表的标题修改为"某超市订单日期与发货日期之间平均间隔天数的甘特图",将该工作表重命名为"甘特图",完成甘特图的创建,如图 5-111 所示。

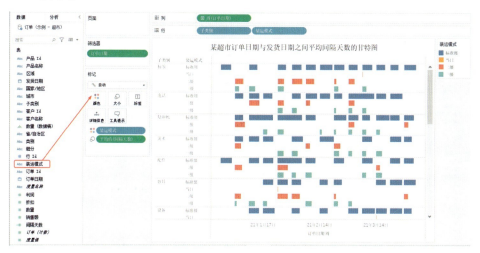

图 5-111 创建完成的甘特图

二、高级可视化应用

使用 Tableau 不仅可以创建初级图表,还可以创建如帕累托图、盒须图、瀑布图、倾斜图、网络图和雷达图等高级图表,下面主要讲解帕累托图和瀑布图的创建方法。有关其他高级图表的创建方法,读者可以参考相关学习资料进行学习。

在这两种高级图表的创建过程中,我们需要认识到,虽然 Tableau 内置的图表类型是有限的,但是 Tableau 提供了各种各样非常灵活的组合方式,因此,可以使呈现出来的图形类型丰富多彩。读者要通过借鉴他人的数据可视化作品,在实践中勤于思考,通过 Tableau 创作出千变万化的数据可视化作品。但是一定要牢记,在进行数据可视化的过程中,制作出各种绚丽图表的本身不是最终目的,可视化的核心是让图表能够帮助我们查看和理解数据。

1. 帕累托图

帕累托图(Pareto Chart)是以 19 世纪的一位意大利经济学家维弗雷多·帕累托的名字而命名的。帕累托观察到,他的花园中 20% 的豆荚含有 80% 的豌豆,80% 的土地通常由 20% 的人口所拥有,从而提出了著名的帕累托法则,也称 80/20 法则。其他人进一步推断了该原理,提出在许多事件中,大约 80% 的结果是由 20% 的原因所造成的。帕累托图是一种包含条形图和折线图的图表,其中各个值均以条形降序形式表示,上升的累计总计由线条来表示。

● 案例——制作某超市产品子类别销售额的帕累托图

(1)在图 5-111 所示内容的基础上,新建一个工作表,将"子类别"字段拖放到"列"功能区中,然后将"销售额"字段拖放到"行"功能区中。右击"列"功能区中的"子类别"字段,在弹出的快捷菜单中选择"排序"命令,然后在弹出的"排序"对话框中,将"排序依据"设置为"字段",将"排序顺序"设置为"降序",将"字段名称"设置为"销售额",将"聚合"设置为"总和",单击对话框右上角的"关闭"按钮 ×,退出"排序"对话框,如图 5-112 所示。此时,视图中的各子类别将从最高销售额到最低销售额进行排序。

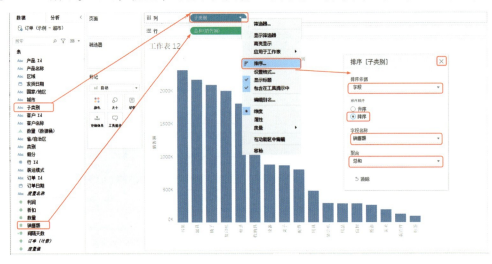

图 5-112　创建第一个条形图

(2)将"销售额"字段从"数据"窗格中拖动到视图的最右侧,直到出现一条竖直的虚线后释放鼠标左键,创建双轴视图,如图 5-113 所示。

(3)此时,Tableau 会自动将该条形图更改为圆图,为了更适合显示该视图,单击工具栏中的"适合"按钮 标准 ,在下拉列表中选择"整个视图"选项。选中标记卡中的"总和(销售额)"选项,将标记类型更改为"条形图",然后选中标记卡中的"总和(销售额)(2)"选项,将标记类型更改为"线",如图 5-114 所示。

项目五　Tableau 数据可视化

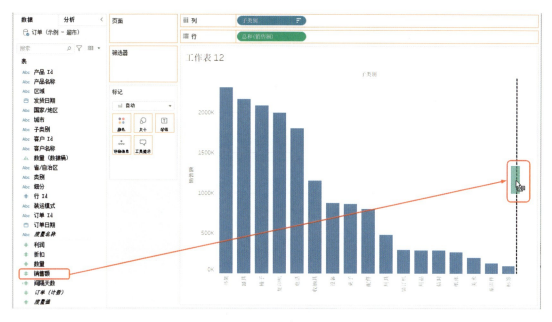

图 5-113　创建双轴视图

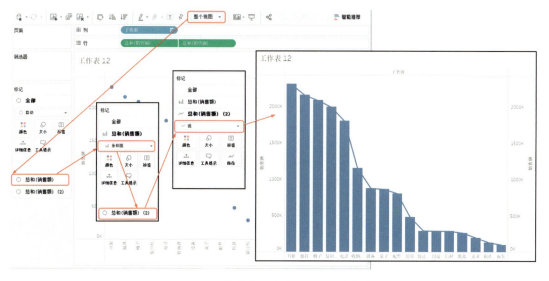

图 5-114　调整为一个条形图和一个折线图

（4）在"行"功能区中右击右侧的"总和（销售额）"字段，然后在弹出的快捷菜单中选择"添加表计算"命令，将会弹出"表计算"对话框，将"主要计算类型"设置为"累计汇总""总和"，将"计算依据"设置为"表（横穿）"，勾选"添加辅助计算"复选框，然后将对话框右侧的"从属计算类型"设置为"合计百分比"，将"计算依据"设置为"表（横穿）"，最后单击对话框右上角中的"关闭"按钮 ×，关闭此对话框，如图 5-115 所示。

（5）在标记卡中单击"颜色"控件，修改线条的颜色，然后将工作表的标题修改为"某超市产品子类别销售额的帕累托图"，将该工作表重命名为"帕累托图"，完成一个基本的帕累托图的创建，如图 5-116 所示。从该视图中可以看出，书架、器具、椅子、复印机、电话、收纳具、设备、桌子这些子类别产品的销售额占到总销售额的 82.35%，是需要关注的重点。

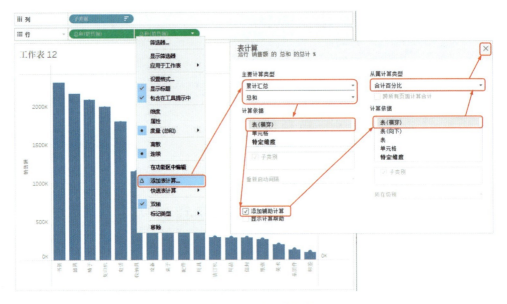

图 5-115 添加表计算

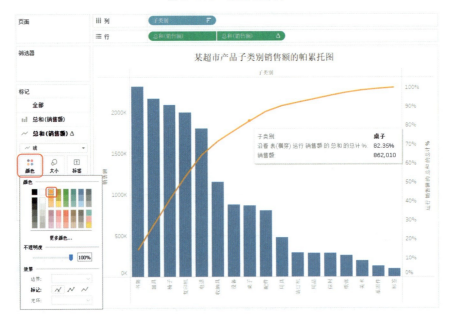

图 5-116 基本的帕累托图

 提示

此案例仅仅介绍了基本的帕累托图的创建方法,关于如何将销售额百分比与产品百分比进行比较、创建动态参数等知识,本书不做进一步介绍,请读者参考有关资料进行学习。

2. 瀑布图

瀑布图是数据可视化分析中常见的一种图形,它采用绝对值与相对值结合的方式,可以用于表达数个特定数值之间的数量变化关系,也可以用于描述一个初始值受到一系列正值或负值的影响后是如何变化的。

在通过 Tableau 创建瀑布图时，需要在标记卡中将标记类型设置为"甘特条形图"，以表示某个维度变化的测量值，图中每个条形都是一个度量值，将度量字段放在"行"功能区中，而在"列"功能区中放置某个维度字段以反映维度值的一系列变化。

案例——制作某超市各产品子类别销售额累计情况的瀑布图

（1）在图 5-116 所示内容的基础上，新建一个工作表，将"子类别"字段拖放到"列"功能区中，然后将"销售额"字段拖放到"行"功能区中。右击"行"功能区中的"总和（销售额）"字段，在弹出的快捷菜单中选择"快速表计算"→"累计汇总"命令，然后将标记卡中的标记类型设置为"甘特条形图"，如图 5-117 所示。

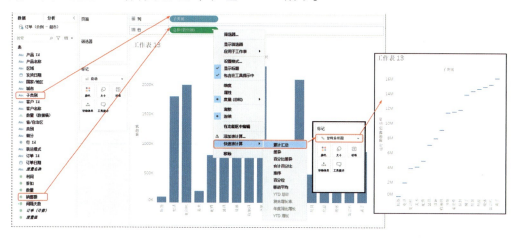

图 5-117　创建甘特图

（2）创建一个新字段，用来存储销售额的负值。右击"数据"窗格内的任意一个字段，在弹出的快捷菜单中选择"创建"→"计算字段..."命令，在弹出的计算对话框中，将计算字段命名为"负销售额"，在清除默认情况下位于公式文本框中的任何内容之后，在公式文本框中输入公式"-[销售额]"，然后单击"确定"按钮，如图 5-118 所示。

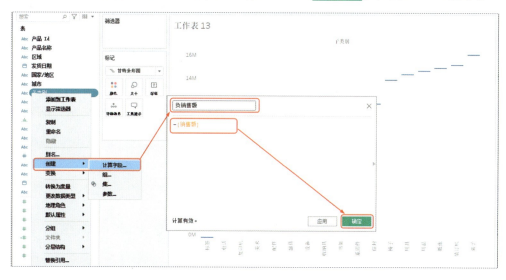

图 5-118　创建新字段

（3）将"负销售额"字段拖放到标记卡中的"大小"控件上，为了在该瀑布图中通过颜色显示利润的多少，将"利润"字段拖放到标记卡中的"颜色"控件上，然后在菜单栏中选择"分析"→"合计"→"显示行总和"命令，如图 5-119 所示。

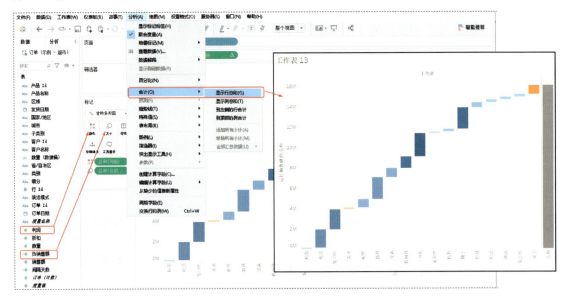

图 5-119　向瀑布图中添加利润信息

（4）单击颜色图例右上角的下拉按钮 ，在弹出的下拉菜单中选择"编辑颜色…"命令，在弹出的"编辑颜色[利润]"对话框的"色板"下拉列表中选择"橙色-蓝色 发散"选项，勾选"使用完整颜色范围"复选框，然后单击"确定"按钮 ，如图 5-120 所示。

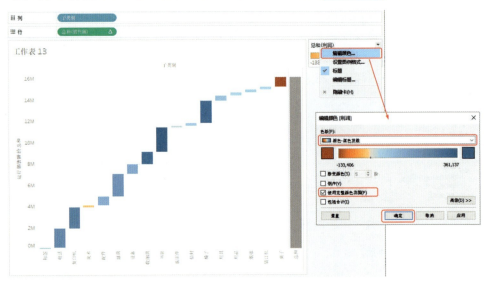

图 5-120　编辑颜色

（5）将工作表的标题修改为"某超市各产品子类别销售额累计情况的瀑布图"，将该工作表重命名为"瀑布图"，完成瀑布图的创建。

通过以上对 Tableau 数据可视化应用的学习，读者应该会发现这些数据可视化的图表仍有很多可以进一步完善的部分。的确如此，因为每一个人都想要在力所能及的范围内追求完美，所以非常希望读者能够在今后的数据可视化设计中，不断雕琢自己的数据可视化作品，改善细节，追求完美和极致，并在今后的学习中，大力弘扬精益求精的工匠精神，立志走技能成才、技能报国之路。

项目总结

项目实战

实战一：制作某超市产品子类别依据销售额和利润分布的散点图

（1）启动 Tableau，导入"示例-超市.xls"文件，建立与"订单"工作表的数据连接，单击标签栏中的"工作表 1"标签，即可进入 Tableau 工作表工作区界面，如图 5-121 所示。

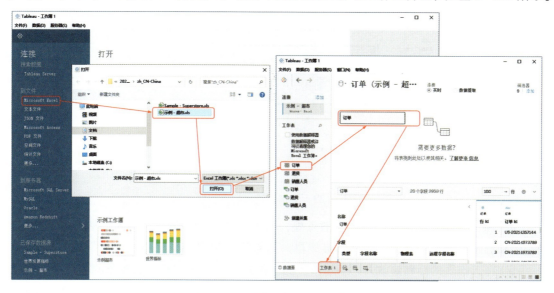

图 5-121　导入文件并进入 Tableau 工作表工作区界面

（2）将"利润"字段拖放到"行"功能区中，将"销售额"字段拖放到"列"功能区中，然后将"子类别"字段拖放到标记卡中的"颜色"控件上，创建散点图，如图5-122所示。

图5-122　创建散点图

（3）切换到"分析"窗格，将"常量线"拖放到悬浮窗口中的"表"与"总和（利润）"交叉区域，将值设置为"0"，然后将"平均线"拖放到悬浮窗口中的"表"与"总和（销售额）"交叉区域，如图5-123所示。

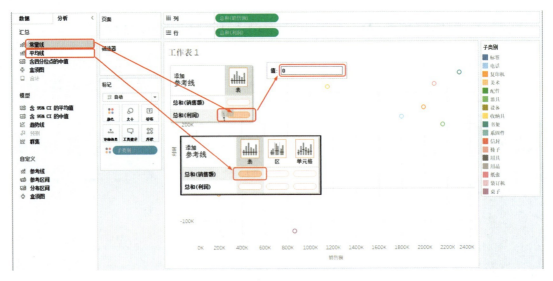

图5-123　添加常量线和平均线

（4）将鼠标指针拖动到任意一个散点处，可以看到工具提示，在各子类别之中，书架的销售额和利润均最高，而桌子的亏损最严重，如图5-124所示。

（5）将工作表的标题修改为"某超市产品子类别依据销售额和利润分布的散点图"，将该工作表重命名为"散点图"，保存为打包工作簿后退出Tableau。

项目五 Tableau 数据可视化

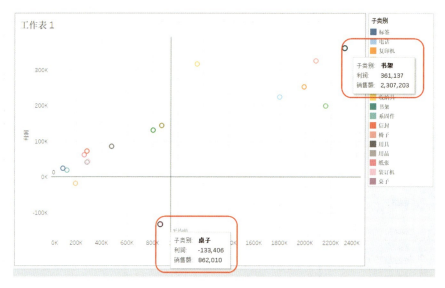

图 5-124 查看各子类别的销售额和利润的数据

实战二：制作产品子类别销售额和利润的分析图

（1）启动 Tableau，导入"示例-超市.xls"文件，建立与"订单"工作表的数据连接，单击标签栏中的"工作表 1"标签，即可进入 Tableau 工作表工作区界面，然后将"类别"和"子类别"字段依次拖放到"列"功能区中，将"销售额"和"利润"字段依次拖放到"行"功能区中，如图 5-125 所示。

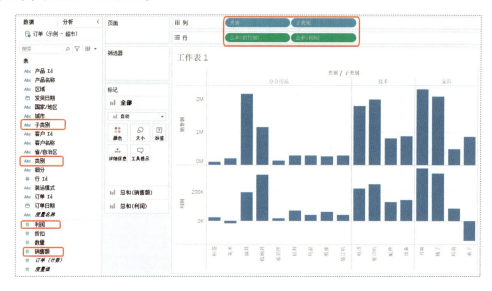

图 5-125 产品子类别销售额和利润的两个条形图

（2）在视图区内下面的条形图中右击纵轴，在弹出的快捷菜单中选择"双轴"命令，Tableau 会自动形成双轴的散点图，如图 5-126 所示。

（3）右击视图区左侧的"销售额"纵轴，在弹出的快捷菜单中选择"标记类型"→"条形图"命令，将会形成条形图和散点图的双轴图，如图 5-127 所示。

159

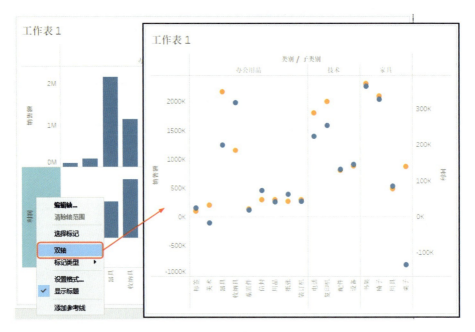

图 5-126　产品子类别销售额和利润的双轴图

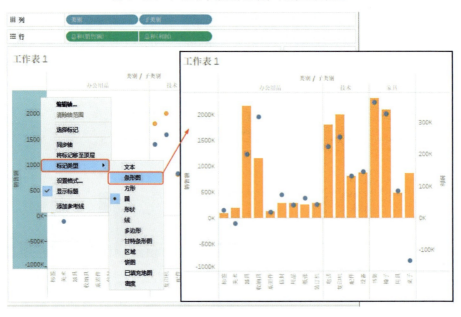

图 5-127　更改标记类型

（4）在图 5-127 中，我们发现其中有的子类别的利润竟然超过了销售额，这是由左右两条坐标轴的刻度不一致导致的。右击视图区右侧的"利润"纵轴，在弹出的快捷菜单中选择"同步轴"命令，即可将左右坐标轴进行同步，如图 5-128 所示。

（5）右击视图区右侧的"利润"纵轴，在弹出的快捷菜单中选择"标记类型"→"线"命令，即可将散点图的标记类型修改为"线"，如图 5-129 所示。

（6）将标记类型修改为"条形图"，然后单击标记卡中的"大小"控件，调整矩形的宽度，将视图修改为柱中柱形图，如图 5-130 所示。

项目五　Tableau 数据可视化

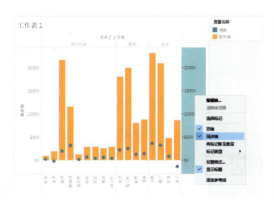

图 5-128　同步坐标轴

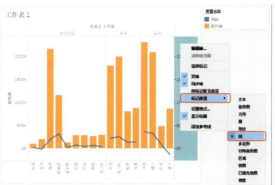

图 5-129　修改散点图的标记类型

图 5-130　将视图修改为柱中柱形图

（7）保存为打包工作簿后退出 Tableau。

项目六

ECharts 数据可视化

思政目标

➢ 通过学习代码编写的语法规则来教育学生遵守学校的各项规章制度
➢ 通过合理编排代码格式来引导学生养成良好的生活习惯

技能目标

➢ 能够使用 ECharts 创建常用的图表
➢ 能够阅读 ECharts 图表的代码,并进行适当的修改
➢ 能够通过 ECharts 官网自学更多可视化的知识
➢ 能够通过 ECharts 官网上的示例来创建自己的数据可视化作品

项目导读

　　ECharts 是基于 JavaScript 的开源可视化图表库,兼容当前绝大部分浏览器。在本项目的任务一中,将首先介绍 ECharts 使用的基础知识,接着通过一个简单的 ECharts 图表,对使用 echarts.js 文件创建数据可视化作品的步骤进行具体介绍。为了帮助读者学习如何设置 ECharts 图表,将进一步介绍 ECharts 图表的相关知识。在任务二中,将首先介绍使用 ECharts 可以创建哪些常用图表,然后以案例的形式详细说明如何使用 ECharts 创建折线图、饼图和散点图。

项目六　ECharts 数据可视化

任务一　ECharts 使用基础

任务引入

为了让数据可视化实现出来的效果更加酷炫，小白决定学习新的数据可视化工具，在比较几款工具后，小白选择了一个基于 JavaScript 的开源可视化图表库——ECharts。那么，ECharts 如何下载和引用呢？创建 ECharts 图表需要哪些基础知识呢？

知识准备

一、下载 ECharts

登录 ECharts 官网，单击"下载"右侧的下拉按钮，在弹出的下拉菜单中选择"下载"命令，如图 6-1 所示，将会进入如图 6-2 所示的下载界面。（本书在编写时下载的软件均是当时的最新版本，但是随着时间的推移，本书中所用到的很多软件可能会不断更新，出现新的版本，或者发生其他改变，使得本书中使用的软件的官网下载界面截图有所滞后，但是这并不会影响对本书内容的说明，敬请读者予以理解。如果本书中用到的软件出现新的版本，读者可自行选择使用与本书中相同版本的软件，或者使用新版本的软件。）

图 6-1　选择"下载"命令

用户可以通过 3 种方式来下载 ECharts，这里我们选择第一种方式，单击版本 5.2.2 右侧的"Dist"文字链接，进入如图 6-3 所示的界面。

为了方便后续使用，我们可以将 ECharts 全部打包下载，单击"echarts"文字链接，返回上一级目录，进入如图 6-4 所示的界面。单击"Code"按钮，在弹出的下拉菜单中选择"Download ZIP"命令，即可将 ECharts 5.2.2 下载到本地硬盘。

将 echarts-5.2.2.zip 文件解压缩后，在 dist 文件夹中可以看到所需的 ECharts 文件，如图 6-5 所示。在编写网页文档时，可以将 echarts.js 文件或其他 ECharts 文件导入项目中使用，制作各种 ECharts 开源图表。

图 6-2　下载界面

图 6-3　ECharts 5.2.2 下载界面

图 6-4　将 ECharts 5.2.2 打包下载

二、创建一个简单的 ECharts 图表

1. 引入 ECharts 文件

由于 ECharts 图表是基于 HTML5 页面的可视化图表，因此需要首先在 HTML5 页面内引入 ECharts 文件，具体步骤如下所述。

（1）新建一个文件夹，然后将下载的 echarts.js 文件复制到该文件夹下。在该文件夹下新建一个文本文件，然后将文件名修改为"示例.html"。右击该文件，在弹出的快捷菜

图 6-5　下载后的 ECharts 文件

单中选择"打开方式"→"记事本"命令，如图 6-6 所示，即可对该 HTML 文件进行编辑。

（2）在该 HTML 文件中输入以下代码：

```
<!DOCTYPE html>
<html>
  <head>
    <meta charset="utf-8" />
    <!--引入刚刚下载的 ECharts 文件-->
    <script src="echarts.js"></script>
  </head>
</html>
```

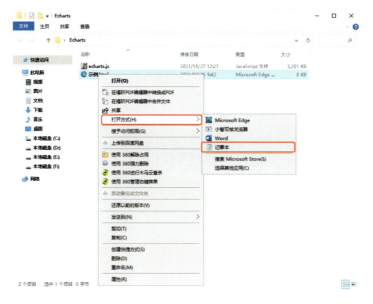

图 6-6　打开新建的 HTML 文件

保存文件，并退出记事本程序。通过网页浏览器打开该"示例.html"文件，会看到一片空白。不要担心，只要没有报错信息，就可以进行下一步的操作。

2．绘制图表

下面我们就可以进行绘制图表的操作了，具体步骤如下所述。

（1）使用记事本程序再次打开该 HTML 文件，在绘图前需要为 ECharts 图表准备一个定义了宽度和高度的 DOM 容器。在刚才的</head>之后，添加如下代码：

```
<body>
  <!--为ECharts图表准备一个定义了宽度和高度的DOM容器-->
  <div id="main" style="width: 600px;height:400px;"></div>
</body>
```

在上述代码中，600px 是图表的宽度，400px 是图表的高度，表示定义一个 600 像素宽、400 像素高的图表。

（2）通过 echarts.init()方法初始化一个 ECharts 实例，并通过 setOption()方法生成一个简单的柱状图，下面是完整代码：

```
<!DOCTYPE html>
<html>
  <head>
    <meta charset="utf-8" />
    <title>ECharts</title>
    <!--引入刚刚下载的ECharts文件-->
    <script src="echarts.js"></script>
  </head>
  <body>
```

```html
<!--为ECharts图表准备一个定义了宽度和高度的DOM容器-->
<div id="main" style="width: 600px;height:400px;"></div>
<script type="text/javascript">
  // 基于准备好的DOM容器,初始化ECharts实例
  var myChart=echarts.init(document.getElementById('main'));
  // 指定图表的配置项和数据
  var option={
    title: {
      text: 'ECharts 示例'
    },
    tooltip: {},
    legend: {
      data: ['万元']
    },
    xAxis: {
      name:'月份',
      data: ['1月', '2月', '3月', '4月', '5月', '6月']
    },
    yAxis: {
      name:'产值(万元)'
    },
    series: [
      {
        name: '产值',
        type: 'bar',
        data: [54, 81, 56, 77, 85, 96]
      }
    ]
  };
  // 使用刚指定的配置项和数据显示图表
  myChart.setOption(option);
</script>
</body>
</html>
```

对上述代码中的部分语句的含义解释如下。

- var myChart=echarts.init(document.getElementById('main')): 初始化 ECharts 实例，echarts.init()是 ECharts 中的接口方法。
- var option：指定图表的配置项和其中的数据。
- title：定义图表的标题。
- tooltip：提示框，鼠标指针悬浮交互时的信息提示。
- legend：图例名称。
- xAxis：定义图表的横坐标。

- yAxis：定义图表的纵坐标。
- series：定义图表的显示效果。本例中的"type: 'bar'"表示将图表显示为柱状图；"name: '产值'"表示将柱状图的属性设置为"产值"；"data: [54, 81, 56, 77, 85, 96]"表示每个柱状图的数值，即图中柱形的高度值。
- myChart.setOption(option)：使用刚指定的配置项和数据显示图表。

保存文件，并退出记事本程序。通过网页浏览器打开该"示例.html"文件，就可以看到如图 6-7 所示的柱状图。

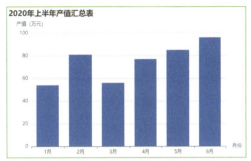

图 6-7　柱状图

三、ECharts 图表的相关知识

在使用 ECharts 创建图表时，需要首先了解与 ECharts 图表有关的知识，下面简要介绍如下。

1. 初始化一个图表及改变其大小

通常来说，需要在 HTML 文件中先定义一个<div>节点，并且通过 CSS 使得该节点具有宽度和高度。在初始化时传入该节点，图表的大小默认就是该节点的大小，除非后面定义了 opts.width 或 opts.height 将其覆盖。代码如下：

```
<div id="main" style="width: 600px;height:400px;"></div>
<script type="text/javascript">
  var myChart=echarts.init(document.getElementById('main'));
</script>
```

需要注意的是，在使用这种方法调用 echarts.init()方法时，需保证容器已经有宽度和高度了。在代码"width: 600px;height:400px"中，只要我们修改"width"后面的数值，就可以修改宽度；只要修改"height"后面的数值，就可以修改高度。

2. ECharts 中的样式简介

1）颜色主题

ECharts 内置了一些颜色主题，更改全局样式的最简单的方式就是直接采用颜色主题（theme）。而其他没有内置在 ECharts 中的主题则需要用户自己加载。切换图表主题的代码如下：

```
var chart=echarts.init(dom, 'dark');
```

2）调色盘

调色盘可以在 option 中设置。它给定了一组颜色，图形、系列会自动从其中选择颜色。用户既可以设置全局的调色盘，也可以设置系列自己专属的调色盘。示例代码如下：

```
option={
  // 设置全局的调色盘
  color: [
```

```
      '#c23531',
      '#2f4554',
      '#61a0a8',
      '#d48265',
      '#91c7ae',
    ],
    series: [
      {
        type: 'bar',
        // 设置系列自己专属的调色盘
        color: [
          '#dd6b66',
          '#759aa0',
          '#e69d87',
          '#8dc1a9',
          '#ea7e53',
        ]
      }
    ]
};
```

3）直接设置样式

直接设置样式是比较常用的设置方式。在 option 中，很多地方可以设置 itemStyle、lineStyle、areaStyle、label 等，这些地方可以直接设置图形元素的颜色、线宽、点的大小、标签的文字、标签的样式等。示例代码如下：

```
lineStyle: {
        // 定义线宽
        width: 1
     },
```

4）高亮显示

在鼠标指针悬浮到图形元素上时，一般会出现高亮显示。在默认情况下，高亮显示是自动生成的，但是也可以通过 emphasis 自行定义。示例代码如下：

```
    emphasis: {
      itemStyle: {
        // 高亮时点的颜色
        color: 'blue'
      },
      label: {
        show: true,
        // 高亮时标签的文字
        formatter: 'This is a emphasis label.'
      }
```

3. 数据

在绘制 ECharts 图表时,数据不仅可以经常发生改变,还可以被多个组件重复使用。可以通过以下 3 种方式输入数据。

1)在系列中设置数据

这种方式的优点是适合对一些特殊的数据结构(如"树"、"图"、超大数据等)进行一定的数据类型定制。缺点是常需要用户预先处理数据,把数据分割设置到各个系列或类目轴中。此外,不利于多个系列共享一份数据,也不利于基于原始数据进行图表类型、系列的映射安排。示例代码如下:

```
option={
  xAxis: {
    type: 'category',
    data: ['苹果', '梨', '葡萄', '香蕉']
  },
  yAxis: {},
  series: [
    {
      type: 'bar',
      name: '销量',
      data: [89, 92, 94, 85]
    }
  ]
};
```

2)数据集

数据集(Dataset)是专门用来管理数据的组件。将数据设置在数据集中,有以下 4 个优点。

(1)符合数据可视化的思维方式,一是能够提供数据,二是能够指定数据到视觉的映射,从而形成图表。

(2)数据和其他配置可以被分离开来。数据经常发生变化,但其配置不是经常变化的,分别处理容易进行分别管理。

(3)数据可以被多个系列或组件重复使用,对于大数据量的场景,不必为每个系列创建一份数据。

(4)支持更多的数据的常用格式,如二维数组、对象数组等,这在一定程度上避免了使用者为了数据格式而进行转换。

下面是一个简单的数据集的示例代码:

```
option={
  legend: {},
  tooltip: {},
  dataset: {
    // 提供一份数据
    source: [
      ['水果', '1日', '2日', '3日'],
      ['苹果', 98, 85, 93],
```

```
      ['梨', 83, 73, 86],
      ['香蕉', 89, 75, 82],
      ['葡萄', 75, 57, 69]
    ]
  },
  // 设置一个 X 轴，类目轴（Category）。在默认情况下，类目轴对应到 dataset 的第一列
  xAxis: { type: 'category' },
  // 声明一个 Y 轴，数值轴
  yAxis: {},
  // 设置多个 bar 系列，在默认情况下，每个系列会自动对应到 dataset 的每一列
  series: [{ type: 'bar' }, { type: 'bar' }, { type: 'bar' }]
};
```

3）数据转换

在 ECharts 中，数据转换是指给定一个已有的数据集和一个转换方法（Transform），ECharts 能生成一个新的数据集，然后可以使用这个新的数据集绘制图表。

4．坐标轴

普通的二维数据坐标系都有 X 轴和 Y 轴，在通常情况下，X 轴显示在图表的底部，Y 轴显示在图表的左侧。X 轴和 Y 轴都由轴线、刻度、刻度标签、轴标题这 4 部分组成。还可以添加网格线来帮助查看和计算数据。通过对轴线 axisLine 进行相关的配置，可以调整轴线两端的箭头、轴线的样式等；通过对轴线 axisTick 进行相关的配置，可以调整刻度线的长度、样式等；通过对轴线 axisLabel 进行相关的配置，可以调整文字的对齐方式、自定义刻度标签内容等。一般配置格式如下：

```
option={
  xAxis: {
    // ...
  },
  yAxis: {
    // ...
  }
};
```

5．图例

图例（Legend）是图表中对内容区元素的注释，使用不同形状、颜色、文字等来标记不同数据列，通过单击对应数据列的标记，可以显示或隐藏该数据列。

图例一般放在图表的右上角，也可以放在图表的底部，同一页面中的所有图例的位置应保持一致，可以横排对齐，也可以纵排对齐。还要综合考虑整体的图表空间适合哪种摆放方式。当图表纵向空间紧张或内容区的元素过于拥挤时，建议将图例摆放在图表的下方。设置图例位置的示例如下：

```
option={
  legend: {
```

```
    orient: 'vertical',
    right: 10,
    top: 'center'
  },
  dataset: {
    source: [
      ['水果', '1日', '2日', '3日'],
      ['苹果', 98, 85, 93],
      ['梨', 83, 73, 86],
      ['香蕉', 89, 75, 82],
      ['葡萄', 75, 57, 69]
    ]
  },
  xAxis: { type: 'category' },
  yAxis: {},
  series: [{ type: 'bar' }, { type: 'bar' }, { type: 'bar' }]
};
```

6. 事件与行为

在 ECharts 图表中，用户的操作将会触发相应的事件，然后通过回调函数进行相应的处理，如跳转到一个地址、弹出对话框、进行数据下钻等。

ECharts 中的事件名称对应 DOM 事件名称，均为小写的字符串。下面是一个单击操作的示例代码：

```
myChart.on('click', function(params) {
  // 控制台打印数据的名称
  console.log(params.name);
});
```

任务二 ECharts 数据可视化应用

任务引入

小白在掌握了 ECharts 使用的基础知识之后，决定在今后的工作中，尝试通过代码来实现数据可视化设计。那么，使用 ECharts 可以创建的常用图表有哪些呢？又应该如何使用 ECharts 来创建各种图表呢？

知识准备

echarts.js 文件可以配合 HTML 网页来制作各种 ECharts 的可视化图表。下面首先介绍 ECharts 中常用的图表。

一、ECharts 中常用的图表

通过 Apache ECharts 的官网可以查看 ECharts 图表的所有示例。ECharts 中常用的图表的名称及含义如表 6-1 所示。

表 6-1　ECharts 中常用的图表的名称及含义

名 称	含 义	名 称	含 义
line	折线图/面积图	boxplot	盒须图
bar	柱状图/条形图/阶梯瀑布图	heatmap	热力图
pie	饼图/环形图/南丁格尔玫瑰图	graph	关系图
scatter	散点图	tree	树图
map	地图	treemap	矩形树图
candlestick	K 线图	sunburst	旭日图
radar	雷达图	parallel	平行坐标系
funnel	漏斗图	sankey	桑基图

二、使用 ECharts 创建图表

下面结合不同的图表类型，介绍几种常见的 ECharts 图表的创建方法。

1. 折线图

创建 ECharts 折线图的代码如下：

```
type: 'line',
```

▶ 案例——创建 ECharts 折线图

表 6-2　某产品每日销量

日　　期	销量（件）	日　　期	销量（件）
1 日	82	9 日	97
2 日	92	10 日	94
3 日	91	11 日	95
4 日	94	12 日	98
5 日	129	13 日	93
6 日	133	14 日	92
7 日	122	15 日	91
8 日	92		

根据表 6-2 所示的数据，创建某产品每日销量变化的折线图，代码如下：

```
<!DOCTYPE html>
<html>
  <head>
    <meta charset="utf-8" />
    <title>ECharts</title>
```

```html
    <!--引入刚刚下载的ECharts文件-->
    <script src="echarts.js"></script>
  </head>
  <body>
    <!--为ECharts图表准备一个定义了宽度和高度的DOM容器-->
    <div id="main" style="width: 600px;height:400px;"></div>
    <script type="text/javascript">
      // 基于准备好的DOM容器，初始化ECharts实例
      var myChart=echarts.init(document.getElementById('main'));
      // 指定图表的配置项和数据
      var option={
        title: {
          text: '某产品销量变化',
          left: 'center'
        },
        xAxis: {
          name:'日期',
          type: 'category',
          data: ['1日', '2日', '3日', '4日', '5月', '6日', '7日', '8日', '9日', '10日', '11日', '12日', '13日', '14日', '15日']
        },
        yAxis: {
          name:'销量（台）',
          type: 'value'
        },
        series: [
          {
            data: [82, 92, 91, 94, 129, 133, 122, 92, 97, 94, 95, 98, 93, 92, 91],
            // 设置图表类型为折线图
            type: 'line',
            // 设置折线图中每个数据点的大小
            symbolSize:10,
            // 设置平滑
            smooth: true
          }
        ]
      };
      // 使用刚指定的配置项和数据显示图表
      myChart.setOption(option);
    </script>
  </body>
</html>
```

通过网页浏览器打开该 HTML 文件，结果显示如图 6-8 所示。

图 6-8 创建完成的 ECharts 折线图

在输入代码时,一定要注意在除注释以外的代码中,标点符号必须采用半角形式,并且代码必须按照一定的规则来编写,否则将无法正确显示图表。其实,不仅是编写代码,在我们的生活、学习、工作中,都有需要遵守的相应规矩。"没有规矩不成方圆",作为学生,就要严格遵守学生日常行为规范;作为员工,就要严格遵守公司的各项规章制度;作为公民,就要严格遵守国家的法律法规。国有国法,家有家规,规矩是不可缺少的准则规范,不守规矩的人可能在短期获得收益,但是总有一天他要为此付出惨痛的代价。只有守规矩的人,才是对自己真正地负责任。

2. 饼图

创建 ECharts 饼图的代码如下:

```
type: 'pie',
```

案例——创建 ECharts 饼图

表 6-3 某公司各产品销售量

产　　品	销售量(件)	产　　品	销售量(件)
产品 1	418	产品 4	374
产品 2	648	新产品	215
产品 3	546		

根据表 6-3 所示的数据,创建某公司各产品销售量占比的饼图,代码如下:

```html
<!DOCTYPE html>
<html>
  <head>
    <meta charset="utf-8" />
    <title>ECharts</title>
    <!--引入刚刚下载的 ECharts 文件-->
    <script src="echarts.js"></script>
  </head>
  <body>
    <!--为 ECharts 图表准备一个定义了宽度和高度的 DOM 容器-->
    <div id="main" style="width: 600px;height:400px;"></div>
    <script type="text/javascript">
      // 基于准备好的 DOM 容器,初始化 ECharts 实例
      var myChart=echarts.init(document.getElementById('main'));
      // 指定图表的配置项和数据
```

```
    var option={
      title: {
        text: '某公司产品销售量',
        left: 'center'
      },
      tooltip: {
        trigger: 'item'
      },
      legend: {
        orient: 'vertical',
        left: 'left'
      },
      series: [
        {
          name: '销售量',
          // 设置图表类型为饼图
          type: 'pie',
          // 控制图形的大小比例
          radius: '50%',
          data: [
            { value: 648, name: '产品 2' },
            { value: 546, name: '产品 3' },
            { value: 418, name: '产品 1' },
            { value: 374, name: '产品 4' },
            { value: 215, name: '新产品' }
          ],
          emphasis: {
            itemStyle: {
              shadowBlur: 10,
              shadowOffsetX: 0,
              shadowColor: 'rgba(0, 0, 0, 0.5)'
            }
          }
        }
      ]
    };
    // 使用刚指定的配置项和数据显示图表
    myChart.setOption(option);
  </script>
 </body>
</html>
```

通过网页浏览器打开该 HTML 文件，结果显示如图 6-9 所示。

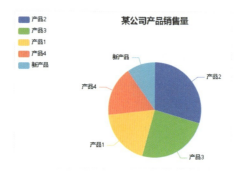

图 6-9　创建完成的 ECharts 饼图

3. 散点图

创建 ECharts 散点图的代码如下：

```
type: 'scatter',
```

案例——创建 ECharts 散点图

表 6-4　散点图数据

序　号	X轴	Y轴	序　号	X轴	Y轴
1	8.07	6.95	6	1.05	3.33
2	9.05	8.81	7	4.05	4.96
3	9.15	7.2	8	6.03	7.24
4	3.03	4.23	9	7.08	5.82
5	2.02	4.47	10	5.02	5.68

根据表 6-4 所示的数据，创建散点图的代码如下：

```
<!DOCTYPE html>
<html>
  <head>
    <meta charset="utf-8" />
    <title>ECharts</title>
    <!--引入刚刚下载的 ECharts 文件-->
    <script src="echarts.js"></script>
  </head>
  <body>
    <!--为 ECharts 图表准备一个定义了宽度和高度的 DOM 容器-->
    <div id="main" style="width: 600px;height:400px;"></div>
    <script type="text/javascript">
      // 基于准备好的 DOM 容器，初始化 ECharts 实例
      var myChart=echarts.init(document.getElementById('main'));
      // 指定图表的配置项和数据
      var option={
        xAxis: {
          name:'X'
```

```
      },
      yAxis: {
        name:'Y'
      },
      series: [
        {
          // 设置散点的大小
          symbolSize: 10,
          // 设置每个散点的坐标值，格式为[横坐标数值,纵坐标数值]
          data: [
            [8.07, 6.95],
            [9.05, 8.81],
            [9.15, 7.2],
            [3.03, 4.23],
            [2.02, 4.47],
            [1.05, 3.33],
            [4.05, 4.96],
            [6.03, 7.24],
            [7.08, 5.82],
            [5.02, 5.68]
          ],
          type: 'scatter'
        }
      ]
    };
    // 使用刚指定的配置项和数据显示图表
    myChart.setOption(option);
  </script>
 </body>
</html>
```

通过网页浏览器打开该 HTML 文件，结果显示如图 6-10 所示。

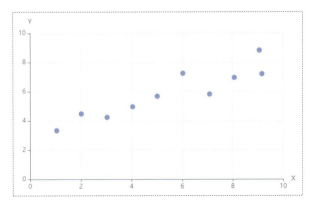

图 6-10　创建完成的 ECharts 散点图

4．堆叠面积图

创建 ECharts 堆叠面积图的代码如下：

```
type: 'line',
stack: 'Total',
areaStyle: {},
```

案例——创建 ECharts 堆叠面积图

表 6-5　工作日的销售额数据　　　　　　　　　　　　　　　　　　　　单位：元

月　份	星期一	星期二	星期三	星期四	星期五	星期六	星期日
1 月	9000	10100	13200	13400	12000	23000	21000
2 月	18200	19100	22000	23400	29000	31000	33000
3 月	15000	15400	23200	20100	19000	33000	41000
4 月	22000	23200	30100	32000	33400	39000	33000
5 月	10100	12000	13200	12000	13400	19000	23000
6 月	20100	22000	23200	23400	29000	33000	32000

根据表 6-5 所示的数据，创建堆叠面积图的代码如下：

```html
<!DOCTYPE html>
<html>
  <head>
    <meta charset="utf-8" />
    <title>ECharts</title>
    <!--引入刚刚下载的 ECharts 文件-->
    <script src="echarts.js"></script>
  </head>
  <body>
    <!--为 ECharts 图表准备一个定义了宽度和高度的 DOM 容器-->
    <div id="main" style="width: 800px;height:600px;"></div>
    <script type="text/javascript">
      // 基于准备好的 DOM 容器，初始化 ECharts 实例
      var myChart=echarts.init(document.getElementById('main'));
      // 指定图表的配置项和数据
      var option={
        title: {
          text: '工作日的销售额分析'
        },
        tooltip: {
          trigger: 'axis',
          axisPointer: {
            type: 'cross',
```

```
        label: {
          backgroundColor: '#6a7985'
        }
      }
    },
    legend: {
      left: 'right',
      data: ['1月', '2月', '3月', '4月', '5月', '6月']
    },
    grid: {
      left: '3%',
      right: '4%',
      bottom: '3%',
      containLabel: true
    },
    xAxis: [
      {
        type: 'category',
        boundaryGap: false,
        data: ['星期一', '星期二', '星期三', '星期四', '星期五', '星期六', '星期日']
      }
    ],
    yAxis: [
      {
        Name:'销售额（元）',
        type: 'value'
      }
    ],
    series: [
      {
        name: '1月',
        type: 'line',
        stack: 'Total',
        areaStyle: {},
        emphasis: {
          focus: 'series'
        },
        data: [9000, 10100, 13200, 13400, 12000, 23000, 21000]
      },
      {
        name: '2月',
```

```
      type: 'line',
      stack: 'Total',
      areaStyle: {},
      emphasis: {
        focus: 'series'
      },
      data: [18200, 19100, 22000, 23400, 29000, 31000, 33000]
    },
    {
      name: '3月',
      type: 'line',
      stack: 'Total',
      areaStyle: {},
      emphasis: {
        focus: 'series'
      },
      data: [15000, 15400, 23200, 20100, 19000, 33000, 41000]
    },
    {
      name: '4月',
      type: 'line',
      stack: 'Total',
      areaStyle: {},
      emphasis: {
        focus: 'series'
      },
      data: [22000, 23200, 30100, 32000, 33400, 39000, 33000]
    },
    {
      name: '5月',
      type: 'line',
      stack: 'Total',
      areaStyle: {},
      emphasis: {
        focus: 'series'
      },
      data: [10100, 12000, 13200, 12000, 13400, 19000, 23000]
    },
    {
      name: '6月',
      type: 'line',
```

```
            stack: 'Total',
            label: {
              show: true,
              position: 'top'
            },
            areaStyle: {},
            emphasis: {
              focus: 'series'
            },
            data: [20100, 22000, 23200, 23400, 29000, 33000, 32000]
          }
        ]
      };
      // 使用刚指定的配置项和数据显示图表
      myChart.setOption(option);
    </script>
  </body>
</html>
```

通过网页浏览器打开该 HTML 文件，结果显示如图 6-11 所示。

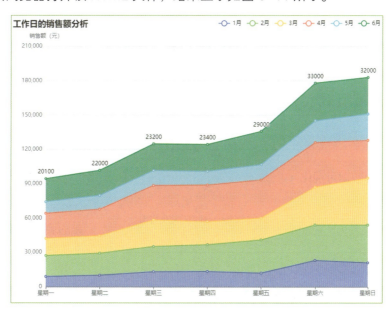

图 6-11　创建完成的 ECharts 堆叠面积图

 提示

读者可以通过查看 ECharts 官网上的图表示例来减少代码录入的工作量。当打开某一种类型的图表示例时，网页的左侧会出现该图表的代码，如图 6-12 所示。读者可以先将需要用到的部分代码复制到正在编辑的 HTML 文件中，再进行适当的修改。

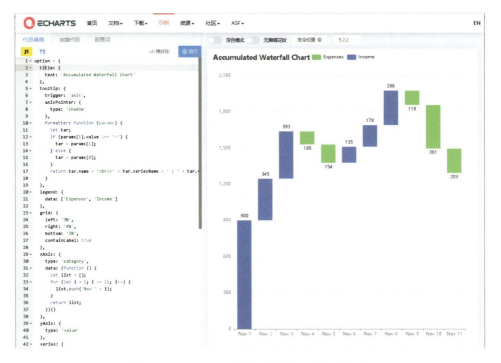

图 6-12　ECharts 官网上的图表示例及其代码

项目总结

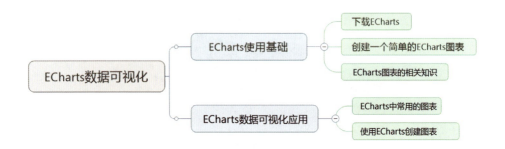

项目实战

实战一：制作某城市写字楼平均销售价格和出租价格变化的柱状图

根据表 6-6 所示的数据，使用 ECharts 创建某城市写字楼平均销售价格和出租价格变化的柱状图。

表 6-6　某城市写字楼平均销售价格和出租价格表　　单位：元/（平方米·月）

年　　份	平均销售价格	平均出租价格
2017 年	5012.00	256.65
2018 年	5564.87	314.60
2019 年	5675.69	348.24
2020 年	5876.43	432.50
2021 年	6100.23	482.60

根据表 6-6 所示的数据，创建柱状图的代码如下：

```html
<!DOCTYPE html>
<html>
  <head>
    <meta charset="utf-8" />
    <title>ECharts</title>
    <!--引入刚刚下载的ECharts文件-->
    <script src="echarts.js"></script>
  </head>
  <body>
    <!--为ECharts图表准备一个定义了宽度和高度的DOM容器-->
    <div id="main" style="width: 600px;height: 400px;"></div>
    <script type="text/javascript">
      // 基于准备好的DOM容器，初始化ECharts实例
      var myChart=echarts.init(document.getElementById('main'));
      // 指定图表的配置项和数据
      var option={
        // 定义标题
        title: {
          text: '某城市写字楼平均销售价格和出租价格表',
          left: 'center'
        },
        // 定义图例
        legend: {
          orient: 'vertical',
          right: 20,
          top: 'center'
        },
        // 数据集
        dataset: {
          source: [
            ['类别', '销售价', '出租价'],
            ['2017年', 5012.00, 256.65],
            ['2018年', 5564.87, 314.60],
            ['2019年', 5675.69, 348.24],
            ['2020年', 5876.43, 432.50],
```

```
          ['2021年', 6100.23, 482.60]
        ]
      },
      xAxis: { type: 'category' },
      yAxis: {name:'价格[元/（平方米·月）]'},
      series: [{ type: 'bar' }, { type: 'bar' }]
    };
    // 使用刚指定的配置项和数据显示图表
    myChart.setOption(option);
  </script>
 </body>
</html>
```

通过网页浏览器打开该 HTML 文件，结果显示如图 6-13 所示。

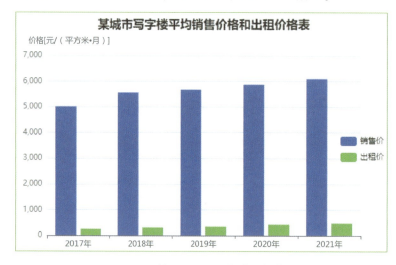

图 6-13　使用 ECharts 创建的柱状图

实战二：制作日常费用变化雷达图

某公司的销售部门的日常费用如表 6-7 所示，使用 ECharts 创建两个月之间日常费用变化的雷达图。

表 6-7　某公司的销售部门的日常费用　　　　　　　　　　　　　单位：元

月　份	办公费用	差　旅　费	通　信　费	交　际　费	培　训　费	宣　传　费
1月	11000	5800	8600	11450	4980	1500
2月	13000	5000	8000	12000	5600	2000

根据表 6-7 所示的数据，创建雷达图的代码如下：

```
<!DOCTYPE html>
<html>
  <head>
    <meta charset="utf-8" />
```

```html
    <title>ECharts</title>
    <!--引入刚刚下载的ECharts文件-->
    <script src="echarts.js"></script>
</head>
<body>
    <!--为ECharts图表准备一个定义了宽度和高度的DOM容器-->
    <div id="main" style="width: 600px;height: 400px;"></div>
    <script type="text/javascript">
        // 基于准备好的DOM容器，初始化ECharts实例
        var myChart=echarts.init(document.getElementById('main'));
        // 指定图表的配置项和数据
        var option={
            // 定义标题
            title: {
                text: '销售部日常费用'
            },
            // 定义图例
            legend: {
                data: ['1月', '2月']
            },
            radar: {
                // shape: 'circle',
                indicator: [
                    { name: '办公费用', max: 15000 },
                    { name: '差旅费', max: 6000 },
                    { name: '通信费', max: 10000 },
                    { name: '交际费', max: 15000 },
                    { name: '培训费', max: 6000 },
                    { name: '宣传费', max: 2500 }
                ]
            },
            series: [
                {
                    name: 'Budget vs spending',
                    type: 'radar',
                    data: [
                        {
                            value: [11000, 5800, 8600, 11450, 4980, 1500],
                            name: '1月',
                            label: {
                                normal: {
                                    show: true,
                                    textStyle: {fontSize: 7, color: '#333'}
                                }
                            }
```

```
                    }
                },
                {
                    value: [13000, 5000, 8000, 12000, 5600, 2000],
                    name: '2月',
                    label: {
                        normal: {
                            show: true,
                            textStyle: {fontSize: 7, color: '#333'}
                        }
                    }
                }
            ]
        }
    ]
};
// 使用刚指定的配置项和数据显示图表
myChart.setOption(option);
</script>
</body>
</html>
```

通过网页浏览器打开该 HTML 文件，结果显示如图 6-14 所示。

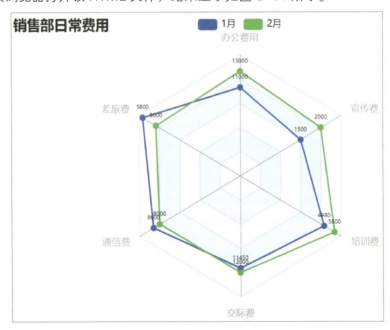

图 6-14　使用 ECharts 创建的雷达图

项目七

Python 数据可视化

思政目标

➢ 通过编写 Python 代码来引导学生养成一丝不苟的良好习惯
➢ 通过 Python 进行数据可视化设计,培养学生的自立自强精神

技能目标

➢ 能够下载和安装 Python 及 Python 库
➢ 能够下载和安装集成开发环境——PyCharm
➢ 能够通过 Python 的绘图库来绘制常用的图表

项目导读

　　借助 Python 的数据可视化库,可以轻松地实现数据可视化设计。在本项目的任务一中,将主要对 Python 编程语言的发展、Python 和 Python 库的安装、集成开发环境 PyCharm 及如何通过 Python 采集数据进行简要介绍。在任务二中,将以案例的形式对如何使用 Python 来绘制常用图表进行具体讲解。

大数据 可视化技术

任务一　Python 基础

任务引入

随着小白工作能力的不断提高，部门主管常会将一些时间紧的任务交给他，小白感觉到他掌握的前几种数据可视化工具已经无法满足工作的需要，他决定再学习一门编程语言，通过编程语言来实现数据可视化。经同事介绍，小白了解到 Python 语言在数据分析和交互、探索性计算及数据可视化等方面都应用较广，于是小白决定学习 Python 语言。小白首先从基本的准备工作开始，下载和安装 Python，安装与加载第三方库。那么，怎样下载 Python 呢？如何安装 Python 和 Python 库呢？Python 的集成开发环境是怎样的呢？

知识准备

Python 是一门简单易学且功能强大的编程语言。它拥有高效的高级数据结构，能够用简单而又高效的方式进行面向对象编程。

一、Python 简介

Python 由荷兰国家数学和计算机科学研究学会的 Guido van Rossum 于 20 世纪 90 年代初设计，作为一门被叫作 ABC 语言的替代品。Python 不仅提供了高效的高级数据结构，还能简单有效地进行面向对象编程。

1989 年，荷兰人 Guido van Rossum 为了克服 ABC 语言非开放的缺点，并受 Modula-3 的影响，结合 UNIX Shell 和 C 语言的习惯，开发了一个新的程序——Python。

自 20 世纪 90 年代初 Python 语言诞生至今，它已被广泛应用于系统管理任务的处理和 Web 编程中。Python 现今已经成为最受欢迎的程序设计语言之一。

1995 年，Guido van Rossum 在弗吉尼亚州的国家创新研究公司（CNRI）继续他在 Python 上的工作，发布了该软件的多个版本。

2000 年 5 月，Guido van Rossum 和 Python 核心开发团队转到 BeOpen.com 并组建了 BeOpen PythonLabs 团队。同年 10 月，BeOpen PythonLabs 团队转到 Digital Creations（现为 Zope Corporation）。

2000 年 10 月 16 日，Python 发布了 Python 2，该系列稳定版本是 Python 2.7。

2001 年，Python 软件基金会（PSF）成立，这是一个专为拥有 Python 相关知识产权而创建的非营利组织。

自从 2004 年以后，Python 的使用率呈线性增长。

2008 年 12 月 3 日，Python 发布了 Python 3，该版本不完全兼容 Python 2。2011 年 1 月，

Python 3 被 TIOBE 编程语言排行榜评为 2010 年"年度语言"。

2021 年 10 月 4 日，Python 正式发布了 3.10 版本。

二、安装 Python

Python 是一门解释型脚本语言，因此，如果想要让编写的代码得以运行，就需要先安装 Python 解释器。

1. Python 下载

打开 Python 官网下载页面，如图 7-1 所示，向下滑动页面，在"Looking for a specific release?"选项组下显示不同版本的 Python（Python 2.0.1 ~ Python 3.9.9），如图 7-2 所示。

如果需要下载最新版本 Python 3.10.0，则直接在官网页面最上端单击"Download Python 3.10.0"按钮，下载 Python 3.10.0 的安装文件 python-3.10.0-amd64.exe（64 位的完整的离线安装包）即可。

提示

每个版本的 Python 根据不同的计算机安装系统，分为不同的安装软件。计算机安装系统包括 Windows、Linux/UNIX、macOS、Other。一般的读者都使用安装 Windows 系统的计算机，因此这里只介绍在 Windows 系统环境下如何下载 Python 3.10.0 软件及其安装过程。本书中介绍的程序也是在 Windows 系统环境下进行演示的。

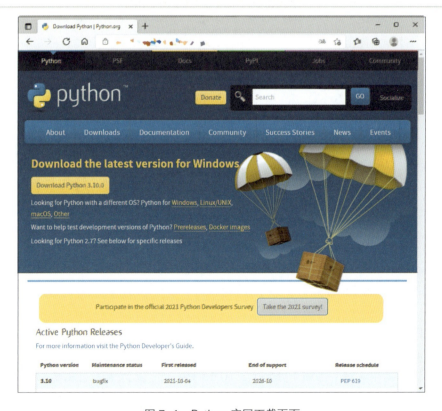

图 7-1　Python 官网下载页面

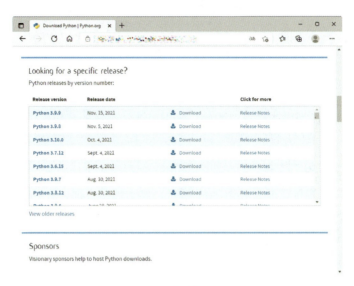

图 7-2　显示不同版本的 Python

2. 软件安装

（1）双击安装文件 python-3.10.0-amd64.exe，会弹出安装界面"Install Python 3.10.0(64-bit)"，如图 7-3 所示。下面介绍该界面中的选项。

图 7-3　安装界面

- Install Now：默认安装且默认安装路径不能更改（一般默认安装在 C 盘）。
- Customize installation：自定义安装。
- Install launcher for all users(recommended)：默认勾选该复选框，为所有用户安装启动器。
- Add Python 3.10 to PATH：勾选该复选框，将 Python 解释器程序自动添加到系统环境变量 PATH 中，默认未勾选该复选框。

（2）在该界面中勾选"Add Python 3.10 to PATH"复选框（见图 7-3）。这样可以将 Python 命令工具所在目录添加到系统环境变量 PATH 中，以后开发程序或运行 Python 命令会非常方便。

项目七　Python 数据可视化

> 🔍 提示
>
> 勾选"Add Python 3.10 to PATH"复选框这一步非常重要，如果不勾选该复选框，则软件安装完成后进行检查时，"命令提示符"窗口中会显示"'python'不是内部或外部命令，也不是可运行的程序或批处理文件。"，如图 7-4 所示。如果想要解决这个问题，还需要手动在计算机的环境变量中添加 Python 安装路径。

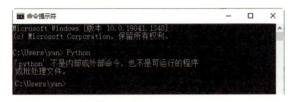

图 7-4　安装错误信息

（3）单击"Next"（下一步）按钮，进入选项设置界面"Optional Features"，选择默认参数设置，如图 7-5 所示。

- Documentation：勾选该复选框，安装 Python 帮助文档。
- pip：勾选该复选框，下载和安装 Python 包的工具 pip。pip 是现代通用的 Python 包管理工具，其英文全称是 Python install packages。
- td/tk and IDLE：安装 tkinter 和 IDLE 开发环境。
- Python test suite：安装 Python 标准库测试套件。
- py launcher：安装 Python 的发射器。
- for all users（requires elevation）：适用所有用户。

（4）单击"Next"（下一步）按钮，进入下一个高级设置界面"Advanced Options"，在"Customize install location"文本框中更改安装地址（不建议安装在 C 盘），其余选择默认设置，设置完毕后如图 7-6 所示。

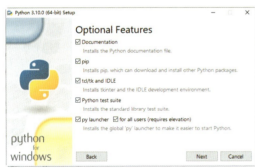

图 7-5　选项设置界面

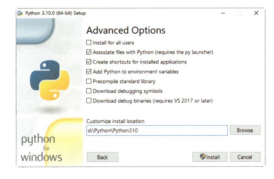

图 7-6　高级设置界面

（5）确定好安装路径后，单击"Install（安装）按钮，此时进入安装进度界面，如图 7-7 所示。由于系统需要复制大量文件，因此需要等待几分钟。在安装过程中，可以随时单击"Cancel"按钮来终止安装过程。

（6）安装结束后，会出现一个"Setup was successful"（安装成功）界面，如图 7-8 所示。单击"Close"（关闭）按钮，即可完成 Python 3.10.0 的安装工作。

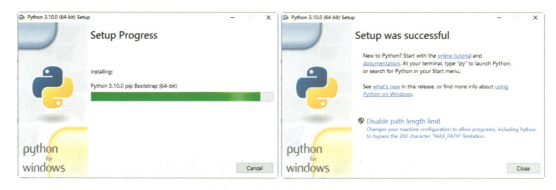

图 7-7　安装进度界面　　　　图 7-8　"Setup was successful"（安装成功）界面

3. 安装检查

Python 安装结束后，需要检查安装是否成功。在"开始"菜单下面的搜索框中输入"cmd"，打开"命令提示符"窗口，输入"Python"并按 Enter 键，如果出现如图 7-9 所示的运行结果，则表示 Python 安装成功。

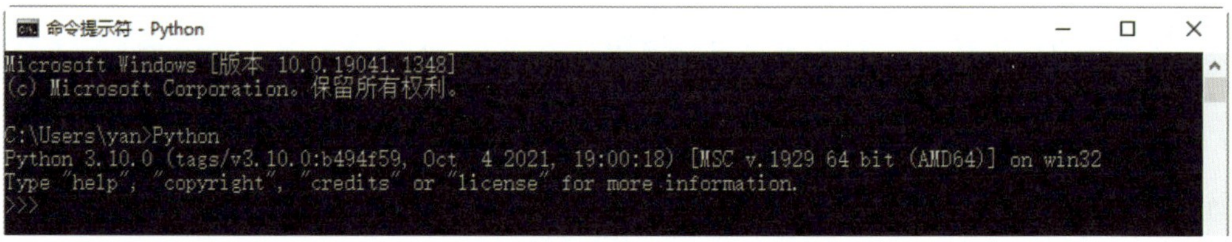

图 7-9　安装检查

三、安装 Python 库

Python 的一大特色是其具有丰富的模块，进行数据分析常用的模块库包括 NumPy、Pandas、Matplotlib、SciPy 等。下面介绍如何安装进行数据分析所用到的部分模块库。

pip 是一款现代的、通用的 Python 包管理工具，其提供对 Python 包的查找、下载、安装、卸载等功能，install 命令用于安装安装包，安装 Python 时已经安装了 pip 工具。

所有第三方库都需要下载、安装、导入后才可以应用。下载、安装 NumPy 最简单的方法就是使用 pip 工具。

1）安装 NumPy

NumPy（Numerical Python）是 Python 的一种开源的数值计算扩展库，用来存储和处理大型矩阵，比 Python 自身的嵌套列表结构（Nested List Structure）要高效得多，支持大量的维度数组与矩阵运算，此外也针对数组运算提供大量的数学函数库。

在"开始"菜单下面的搜索框中输入"cmd"，打开"命令提示符"窗口，显示下面的用户名（不同的用户显示的用户名不同）：

C:\Users\yan>

在窗口中输入"pip3 install numpy"，会出现 NumPy 的安装过程信息，显示如下：

C:\Users\yan>pip3 install numpy
Collecting numpy
　Downloading numpy-1.21.4-cp310-cp310-win_amd64.whl (14.0 MB)

|▮▮| 14.0 MB 218 kB/s

安装进度结束后，会显示如下的安装成功信息：

```
Installing collected packages: numpy
Successfully installed numpy-1.21.4
```

安装结束后，启动 Python，在 IDLE Shell 3.10.0 中输入下面的程序，验证安装是否成功：

```
>>> from numpy import *
>>> eye(4)
array([[1., 0., 0., 0.],
       [0., 1., 0., 0.],
       [0., 0., 1., 0.],
       [0., 0., 0., 1.]])
```

提示

- from numpy import * 表示导入 NumPy 库。
- eye(4) 用于生成对角矩阵。

如果未安装成功，则会显示下面的信息。其中，警告信息显示字体颜色为红色。

```
>>> from numpy import *
Traceback (most recent call last):
  File "<pyshell#19>", line 1, in <module>
    from numpy import *
ModuleNotFoundError: No module named 'numpy'
```

2）数据处理库 Pandas

Pandas 是基于 NumPy 的一种工具，该工具是为解决数据分析任务而创建的。Pandas 纳入了大量库和一些标准的数据模型，提供了高效操作大型数据集所需的工具。Pandas 提供了大量能使用户快速便捷地处理数据的函数和方法。

在"开始"菜单的搜索框中输入"cmd"，打开"命令提示符"窗口，显示下面的用户名（不同的用户显示的用户名不同）：

```
C:\Users\yan>
```

在窗口中输入"pip3 install pandas"，会出现 Pandas 的安装过程信息，如图 7-10 所示。

图 7-10　Pandas 的安装过程信息

四、集成开发环境 PyCharm

PyCharm 是一种 Python 的集成开发环境,带有一整套可以帮助用户在使用 Python 语言开发时提高其效率的工具,能够使用户快速编写代码,便于调试。

1. 安装 PyCharm

1) 下载软件

登录 PyCharm 的官网,下载时有以下两个版本可以选择:
- Professional(专业版,收费)。
- Community(社区版,免费)。

一般下载免费的社区版即可。在 Community 下面单击"Download"(下载)按钮,下载 PyCharm 2021.3 版本 pycharm-community-2021.3.exe 文件,如图 7-11 所示。

图 7-11　PyCharm 官网下载界面

2) 安装 PyCharm

双击 pycharm-community-2021.3.exe 文件,会弹出安装界面,如图 7-12 所示。

图 7-12　安装界面

单击"Next"（下一步）按钮，进入下一个界面。在该界面中，用户需要选择 PyCharm 的安装路径，用户可以通过单击"Browse..."（搜索）按钮来自定义 PyCharm 的安装路径，如图 7-13 所示。

单击"Next"（下一步）按钮，出现安装选项设置界面，需要进行一些设置，如图 7-14 所示。

图 7-13 选择安装路径界面

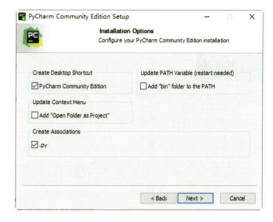

图 7-14 安装选项设置界面

- PyCharm Community Edition：勾选该复选框，创建桌面快捷方式。
- Add "bin" folder to the PATH：勾选该复选框，将 PyCharm 的启动目录添加到环境变量中，执行该操作后，需要重启计算机。
- Add "Open Folder as Project"：勾选该复选框，添加鼠标右键菜单，使用打开项目的方式打开此文件夹。
- .py：勾选该复选框，选择以后打开.py 文件就会用 PyCharm 打开。勾选该复选框后，PyCharm 每次打开的速度会比较慢。

单击"Next"（下一步）按钮，在新的界面中默认选择 JetBrains，如图 7-15 所示。单击"Install"（安装）按钮，此时进入安装进度界面，如图 7-16 所示，然后等待安装完毕。

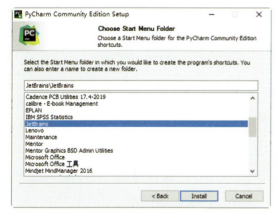

图 7-15 选择安装菜单文件

图 7-16 安装进度界面

安装结束后会出现一个安装完成界面，如图 7-17 所示。单击"Finish"（完成）按钮即可完成 PyCharm 的安装工作。

2. 加载模块库

使用 Python 进行数据分析时常用的模块库有 NumPy、SciPy、Pandas 和 Matplotlib，在使用 pip3 工具或 Anaconda 下载、安装这些模块库后，可以在 IDLE Shell 中使用关于数组、矩阵的函数，但是如果想要在 PyCharm 中使用数据分析模块库，则需要另行安装。

打开 PyCharm，在菜单栏中选择"File"（文件）→"Setting"（设置）命令，将会打开"Setting"（设置）对话框，然后打开"Project:pythonProject"→"Python Interpreter"窗口，单击"Install"（安装）按钮 +，弹出"Available Package"（有用的安装包）对话框。

图 7-17　安装完成界面

在搜索框中输入需要安装的数组矩阵模块库"numpy"，在列表框中选择"numpy"选项，如图 7-18 所示。然后单击"Install Package"（安装安装包）按钮，即可安装该模块库。如果弹出"Packages installed successfully"对话框，并显示"Installed packages:'numpy'"，则表示安装成功。

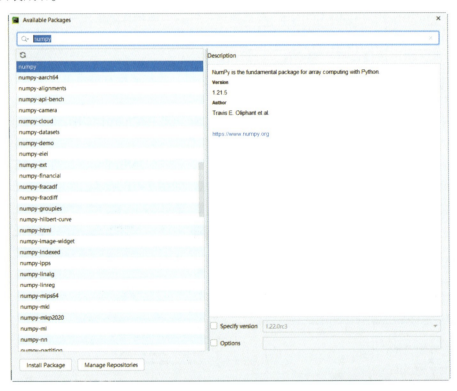

图 7-18　"Available Package"（有用的安装包）对话框

在搜索框中输入需要安装的数据导入模块库"Pandas"，在列表框中选择"Pandas"选项，然后单击"Install Package"（安装安装包）按钮，即可安装该模块库。如果弹出"Packages installed successfully"对话框，并显示"Installed packages:'pandas'"，则表示安装成功。

3. 导入模块

在计算机程序的开发过程中，随着程序代码越写越多，文件中的代码就会越来越长，越来越不容易维护。为了编写可维护的代码，可以把很多函数分组，分别放在不同的文件中，使得每个文件包含的代码相对较少，很多编程语言都采用这种组织代码的方式。在 Python 中，一个 "*.py" 文件就称为一个模块（Module）。

模块分为 3 类：Python 标准库、第三方模块、应用程序自定义模块。对于一个复杂的功能来说，可能需要多个函数才能完成（函数也可以在不同的.py 文件中），n 个.py 文件组成的代码集合也称为模块。

模块的应用提高了代码的可维护性；编写代码不必从零开始，在一个模块编写完毕后，就可以被其他模块引用，开发人员在编写程序时也经常引用其他模块，包括 Python 内置的模块和来自第三方的模块。使用模块还可以避免函数名和变量名冲突。相同名称的函数和变量完全可以分别存在不同的模块中，因此，在编写模块时，不必考虑名称会与其他模块冲突。但是也要注意，尽量不要与内置函数的名称冲突。

Python 导入模块一般使用 import 来实现，具体方法如下所述。

1）import modname

这种导入方法适合在导入内置模块（如 os、sys、time 等）或第三方库时使用。示例如下：

```
import sys
```

 提示

一个模块可以在当前位置导入多次，但是只有在第一次导入时会执行源文件内的代码，第一次导入就会将模块包含的内容都加载到内存了。第二次导入时则不会再执行该模块，只是完成了一次引用。示例如下：

```
import module1    # 第一次导入
import module1    # 第二次导入
```

为了简化程序、方便维护，运用 as 不仅可以重命名代码模块，还可以重命名文件名。示例如下：

```
import numpy as np    # 导入 NumPy 模块库，并将其重命名为 np
# 调用模块库中的函数
np.linspace()
np.empty()
```

2）from…import

不主张从一个模块中使用 import * 语句导入所有模块，因为这样通常会导致代码的可读性很差，而使用 from…import 语句则会只导入模块中的部分变量，其调用格式如下：

```
from modname import funcname
```

from 函数适合在导入（相对导入）模块文件时使用，示例如下：

```
from os import chown,chmod
```

如果需要导入一个模块中的某个子模块,其调用格式如下:

```
from A.b import c
```

五、Python 的数据采集

数据分析的前提是必须有数据,利用最基础的数据结构(如元组、列表、字典和集合等)来创建数据已经无法满足发展越来越快速的社会需求,这就需要导入数据,也称数据采集。

1. 读取 Excel 文件

openpyxl 模块库是一个读/写 Excel 2010 文件的 Python 库,能够同时读取和修改 Excel 文件。执行其他与 Excel 相关的项目(包括读或写 Excel 文件)需要安装、加载该模块库。前面已经讲解了模块库的安装、加载、设置方法,这里不再赘述。

安装 openpyxl 模块库后,如果想要在程序中使用该模块库,则还需要导入该模块库,方法如下:

```
import openpyxl as op    # 导入 openpyxl 模块库
```

在 Pandas 中,使用 read_excel() 函数将读取 Excel 自带的 xls 或 xlsx 格式文件中的数据。该函数的使用格式如下:

```
pd.read_excel( io,
               sheet_name=0,
               header=0,
               names=None,
               index_col=None,
               usecols=None,
               squeeze=False,
               dtype=None,
               engine=None,
               converters=None,
               true_values=None,
               false_values=None,
               skiprows=None,
               nrows=None,
               na_values=None,
               keep_default_na=True,
               verbose=False,
               parse_dates=False,
               date_parser=None,
               thousands=None,
               comment=None,
               skipfooter=0,
               convert_float=True,
               mangle_dupe_cols=True,
               storage_options=None )
```

参数说明如下。

- io:文件路径。

- sheet_name：指定表格的第几个 sheet，默认为第一个，可以传递整数，也可以传递 sheet 的名称。当一个表格有多个 sheet，并用 sheet_name 传递整数时，默认 0 表示第一个 sheet（计算机语言都是从 0 开始计数的），所以如果想读取第二个 sheet，则应该赋值 1 而不是 2。
- header：是否需要将数据集的第一行用作表头。
- names：如果原数据集中没有变量，则可以通过该参数在数据读取时给数据集添加具体的表头。
- index_col：将文件中的某一列或几个列指定为 DataFrame 的 index，可以输入一个 int 或由 int 构成的列表，后者表示创建 mult-index。还可以输入 None，表示不为 DataFrame 指定专门的 index。
- usecols：使用 int、str、由 int 或 str 构成的列表指定需要的列。
- squeeze：如果数据中只有一列，或者函数的返回值只有一列，则默认返回 DataFrame。当指定为 True 时，可以返回 Series（一维数组）。
- dtype：为 sheet 中的各列指定数据类型。
- engine：指定解析数据时使用的引擎。支持的引擎包括"xlrd"、"openpyxl"、"odf"和"pyxlsb"。
- converters：通过字典的形式来指定哪些列需要转换成什么形式。
- true_values 和 false_value：将数据中某一列的所有值替换为 True 或 False。
- skiprows：读取数据时跳过的行。输入整数，表示前 n 行跳过；接收一个整数列表，会跳过列表中指定的行；还可以输入可调用对象。
- nrows：指定读取数据的行数。
- na_values：指定原数据中哪些特殊值代表了缺失值。
- keep_default_na：当参数为 True 时，表示数据中如果包含下面的字符，则将被定义为缺失值 NaN。
- parse_dates：该参数在函数内不再生效。
- thousands：指定原数据集中的千分位符。
- skipfooter：输入整数 n，表示不读取数据的最后 n 行。
- convert_float：默认将所有的数值型变量转换为浮点型变量。

read_excel() 函数不仅可以从一个 Excel 文件中读取数据到 DataFrame 中，还支持包括 xls、xlsx、xlsm、xlsb、odf、ods 及 odt 等多种格式，而且不仅支持读取一个 sheet，也支持读取多个 sheet。

2. 读取 HTML 文件

HTML 文件是可以被多种网页浏览器读取，从而产生网页传递各类资讯的文件。

HTML 文件由嵌套的 HTML 元素构成。它们用 HTML 标签表示,包含于尖括号中,如<p>。在一般情况下，一个元素由一对标签表示，如"开始标签"<p>与"结束标签"</p>。元素如果含有文本内容，就被放置在这些标签之间。

网页的表格数据主要是在<table>标签中实现的，<table>类型的表格网页结构大致如下：

```
<table class="..." id="...">
    <thead>
```

```
            <tr>
            <th>...</th>
            </tr>
            </thead>
            <tbody>
                <tr>
                    <td>...</td>
                </tr>
            <tr>...</tr>
            <tr>...</tr>
            <tr>...</tr>
            <tr>...</tr>
            ...
            <tr>...</tr>
            <tr>...</tr>
            <tr>...</tr>
            <tr>...</tr>
            </tbody>
</table>
```

上面出现的几种标签的含义说明如下。

- \<table\>：定义表格。
- \<thead\>：定义表格的页眉。
- \<tbody\>：定义表格的主体。
- \<tr\>：定义表格的行。
- \<th\>：定义表格的表头。
- \<td\>：定义表格单元。

使用 Pandas 中的 read_html() 函数可以读取标签中的内容，该函数的使用格式如下：

```
pandas.read_html(io, match='.+',
                flavor=None,
                header=None,
                index_col=None,
                skiprows=None,
                attrs=None,
                parse_dates=False,
                tupleize_cols=None,
                thousands=', ',
                encoding=None,
                decimal='.',
                converters=None,
                na_values=None,
                keep_default_na=True,
                displayed_only=True)
```

参数说明如下。

- io: 表示 URL、HTML 文本、本地文件等。
- flavor：表示解析器。
- header：表示标题行。

- skiprows：表示跳过的行。
- attrs：表示属性字典，如 attrs={'id': 'table'}。
- parse_dates：表示解析日期。

案例——爬取全国空气质量数据

空气知音网站中的全国空气质量排行榜如图 7-19 所示。

图 7-19　全国空气质量排行榜

PyCharm 程序如下：

```
# /usr/bin/env python3
# -*- coding:UTF-8 -*-
import pandas as pd
df=pd.read_html("http://www.air-level.com/rank",encoding='utf-8', header=0)[0]
df.to_excel('D:\\NewPython\\空气质量最差城市实时排名.xlsx',index=False)

df=pd.read_html("http://www.air-level.com/rank",encoding='utf-8',header=0)[1]
df.to_excel('D:\\NewPython\\空气质量最佳城市实时排名.xlsx',index=False)
```

运行结果如图 7-20 和图 7-21 所示。

图 7-20　空气质量最差城市实时排名

图 7-21　空气质量最佳城市实时排名

提示

lxml 是处理 XML 和 HTML 文件的模块库。想要执行与之相关的操作，需要在 PyCharm 中安装该模块库。

任务二　Python 数据可视化应用

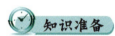

小白在掌握了 Python 的基础知识之后，切实感受到了 Python 的语法简单，代码十分容易读写，他希望能够将 Python 应用到数据可视化的实际应用中。那么，如何通过 Python 进行简单的数据可视化设计呢？

知识准备

Matplotlib 绘图库提供了和 MATLAB 类似的绘图 API——Pyplot，Pyplot 包含一系列绘图的相关函数，能很方便地让用户绘制 2D 图表。

数据可视化图表多种多样，常用的图表包括折线图、柱形图、饼图、散点图。不同图表之间也可以进行组合分析。例如，将柱形图和折线图组合，折线图反映的是整体变化趋势，而柱形图反映的则是关键节点的数据差异，这样就可以从一张图表上观察到两个维度的数据对比。

一、创建图表窗口

在 Pyplot 中，figure() 函数用于创建图表窗口，该函数的使用格式如下：

```
plt.figure(num=None,
           figsize=None,
           dpi=None,
           facecolor=None,
           edgecolor=None,
           frameon=True)
```

参数说明如下。
- num：指定图表编号或名称，数字为编号，字符串为名称。
- figsize：指定 figure 的宽度和高度，单位为英寸。
- dpi：指定绘图对象的分辨率，即每英寸多少个像素，默认值为 80（1 英寸等于 2.5cm，A4 纸是 21cm×30cm 的纸张）。
- facecolor：指定背景颜色。
- edgecolor：指定边框颜色。

- frameon：指定是否显示边框。

当执行 figure()函数时不显示图表窗口，还需要执行 plt.show()函数，系统会自动创建一个新的图表窗口，如图 7-22 所示。如果之前已经有图表窗口打开，则系统会将图形画在最近打开过的图表窗口上，原有图形也将被覆盖。

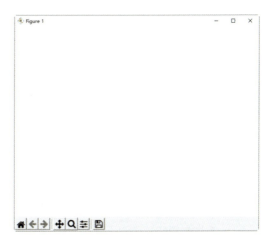

图 7-22　图表窗口

案例——创建图表窗口

创建图表窗口的 PyCharm 程序如下：

```
# /usr/bin/env python3
# -*- coding:UTF-8 -*-
import numpy as np  # 导入 NumPy 模块库
import pandas as pd  # 导入 Pandas 模块库
import openpyxl    # 导入 openpyxl 模块库
# 导入 matplotlib.pyplot 模块
import matplotlib.pyplot as plt
# 解决中文乱码
plt.rcParams['font.sans-serif']=['SimHei']
# 创建图表窗口
# 设置图表编号、背景颜色、边框颜色，不显示边框
p1=plt.figure(num='图书销售额分析图',)
p1.facecolor='red'
p1.edgecolor='green'
p1.frameon=False
plt.show()
```

运行结果如图 7-23 所示。

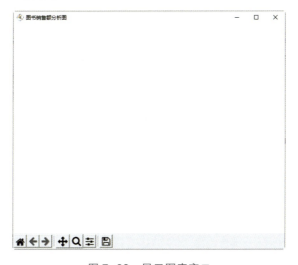

图 7-23　显示图表窗口

在 Pyplot 中，savefig()函数用于保存图表窗口，使用该函数可以将当前的图形以指定文件的形式存储到用户所希望的目录下。

二、绘制折线图

折线图连接各个单独的数据点，以等间隔显示数据的变化趋势。在通常情况下，类别数据或时间的推移沿水平轴均匀分布，数值数据沿垂直轴均匀分布。

plot()函数是最基本的绘图函数，用于绘制折线图，该函数的使用格式如下：

```
plt.plot(x,y,format_string,**kwargs)
```

参数说明如下。

- x：表示 X 轴上的值。
- y：表示 Y 轴上的值。
- format_string：控制曲线的格式字符串，包括线型、颜色、标记等。
- **kwargs：表示第二组或更多（x,y,format_string）。
    - color：表示控制颜色，如 color='green'。
    - linestyle：表示线条风格，如 linestyle='dashed'。
    - marker：表示标记风格，如 marker='o'。
    - markerfacecolor：表示标记颜色，如 markerfacecolor='blue'。
    - markersize：表示标记尺寸，如 markersize=20。

format_string 为用单引号标记的字符串，用于设置所画数据点的类型、大小、颜色，以及数据点之间连线的类型、粗细、颜色等。在实际应用中，format_string 是某些字母或符号的组合，format_string 的合法设置参见表 7-1、表 7-2 和表 7-3。format_string 可以省略，此时将由系统默认设置，即曲线一律采用"实线"线型，不同曲线将按照表 7-2 所给出的前 7 种颜色（蓝、绿、红、青、品红、黄、黑）的顺序着色。

表 7-1 线型符号及符号含义

线型符号	符号含义	线型符号	符号含义
-	实线（默认值）	:	点线
--	虚线	-.	点画线

表 7-2 颜色控制字符表

字符	色彩	RGB 值
b(blue)	蓝色	001
g(green)	绿色	010
r(red)	红色	100
c(cyan)	青色	011
m(magenta)	品红	101
y(yellow)	黄色	110
k(black)	黑色	000
w(white)	白色	111

项目七 Python 数据可视化

表 7-3 标记控制字符表

字　符	数　据　点	字　符	数　据　点
+	加号	>	向右三角形
o	实心小圆圈	<	向左三角形
*	星号	s	正方形
.	实点	h	竖六边形
x	交叉号	p	正五角星
d	菱形	v	向下三角形
^	向上三角形	,	像素标记（极小点）
1	下花三角标记	2	上花三角标记
3	左花三角标记	4	右花三角标记
H	横六边形	|	垂直线标记

案例——绘制铁矿石原矿销量折线图

中商情报网中的铁矿石原矿销量如图 7-24 所示。

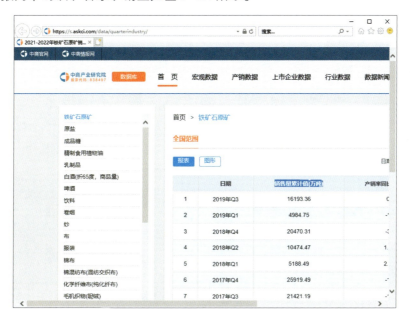

图 7-24 铁矿石原矿销量

绘制折线图的 PyCharm 程序如下：

```python
# /usr/bin/env python3
# -*- coding:UTF-8 -*-
import numpy as np       # 导入 NumPy 模块库
import pandas as pd      # 导入 Pandas 模块库
import openpyxl          # 导入 openpyxl 模块库
import matplotlib.pyplot as plt  # 导入 matplotlib.pyplot 模块
plt.rcParams['font.sans-serif']=['SimHei']  # 解决中文乱码
```

```
df=pd.read_html("https://s.askci.com/data/quarterindustry/",encoding='utf-8',\
header=0)[0]
df.to_excel('D:\\NewPython\\铁矿石原矿销量表.xlsx',index=False)
# 读取 Excel 文件
data=pd.read_excel('D:\\NewPython\\铁矿石原矿销量表.xlsx')
x=np.linspace(1,11,10)
y=data['销售量累计值(万吨)'].head(10)
# 绘制折线图
# 用红色的'o'（实心小圆圈）描绘出相应的数据点
plt.plot(x,y,marker='o',ms=20,mec='r')
plt.show()
```

运行结果如图 7-25 所示。

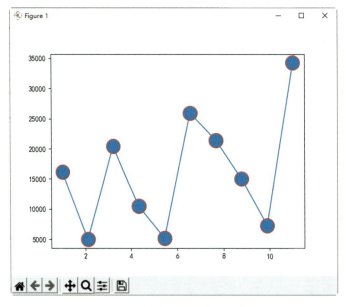

图 7-25　铁矿石原矿销量折线图

 提示

要将绘图所需的 Excel 数据文件存储在 D 盘下的 NewPython 文件夹下，否则程序无法读取到数据文件。

三、绘制柱形图

柱形图采用长方形的形状和颜色编码数据的属性，柱形图一般用于显示一段时间内的数据变化，柱形越矮则数值越小，柱形越高则数值越大。柱形图简明、醒目，是一种常用的统计图表。

在 Pyplot 中，bar()函数用于绘制各种柱形图，该函数的使用格式如下：

```
plt.bar(x,height,width=0.8,bottom=None,*,align='center',data=None,**kwargs)
```

参数说明如下。
- x：柱形图的 X 坐标轴数据。
- height：柱形图的高度。
- width：柱形图的宽度。
- bottom：底座的 y 坐标，默认为 0。
- align：柱形图与 x 坐标的对齐方式，'center'表示以 x 坐标位置为中心，这是默认值。'edge'表示将柱形图的左边缘与 x 坐标位置对齐。如果想要对齐右边缘的柱形，则可以传递负数的宽度值及 align='edge'。
- **kwargs：其他参数。常用的参数及说明如表 7-4 所示。

表 7-4 常用的参数及说明

参 数	说 明
bottom	用于绘制堆叠柱形图
align	指定 X 坐标轴刻度标签的对齐方式
color	指定柱形图的颜色
edgecolor	指定柱形图边框的颜色
linewidth	指定柱形图边框的宽度
tick_label	指定柱形图的刻度标签
xerr, yerr	指定柱形图的误差线
ecolor	指定柱形图误差线的颜色
capsize	误差线的长度
error_kw	接收显示误差线的关键字函数
log	是否对坐标轴进行 log 变换
orientation	柱形图的形式，'vertical'（垂直）或'horizontal'（水平），默认为'vertical'（垂直）

案例——绘制不同钢材消费量柱形图

绘制柱形图所需的数据存储在一个名称为"不同钢材消耗表.xlsx"的 Excel 文件中，如图 7-26 所示。

绘制柱形图的 PyCharm 程序如下：

```
# /usr/bin/env python3
# -*- coding:UTF-8 -*-
import numpy as np          # 导入 NumPy 模块库
import pandas as pd         # 导入 Pandas 模块库
import openpyxl             # 导入 openpyxl 模块库
import matplotlib.pyplot as plt    # 导入 matplotlib.pyplot 模块
# 读取 Excel 文件
data=pd.read_excel('D:\\NewPython\\不同钢材消耗表.xlsx')
plt.rcParams['font.sans-serif']=['SimHei']  # 解决中文乱码
x=np.linspace(1,9,8)
xt=data.index
y1=data['A 钢材消费量']
y2=data['B 钢材消费量']
```

```
y3=data['C钢材消费量']
width=0.25   # 柱形图的宽度
# 绘制柱形图
plt.bar(x,y1,width=width)
plt.bar(x+width,y2,width=width)
plt.bar(x+2*width,y3,width=width)
# 在右上角添加图例
plt.legend(["A 钢材消费量"," B 钢材消费量"," C 钢材消费量"],loc=1)
# 添加标题
label='钢材消耗数据分析柱形图'
plt.title(label,fontsize=20,fontweight='heavy',loc='center')
# 设置坐标轴刻度
plt.xticks(x,xt,color='blue',rotation=60)
plt.show()
```

运行结果如图 7-27 所示。

图 7-26　绘制柱形图所需的数据

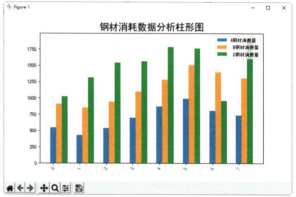

图 7-27　钢材消耗数据分析柱形图

四、绘制饼图

饼图以圆心角不同的扇形显示某一数据系列中每一项数值与总和的比例关系,每个扇形用一种颜色进行填充,当各个部分之间的比例差别较大,需要突出某个重要项时十分有用。

在 Pyplot 中,pie()函数用于绘制各种饼图,该函数的使用格式如下:

```
plt.pie(x, explode=None, labels=None, colors=None, autopct=None,
        pctdistance=0.6, shadow=False, labeldistance=1.1, startangle=None,
        radius=None, counterclock=True, wedgeprops=None, textprops=None,
        center=(0,0), frame=False, rotatelabels=False, hold=None, data=None)
```

部分参数说明如下。

- x：(每一块)的比例,如果 sum(x) > 1,则使用 sum(x)归一化。
- explode：(每一块)间隔中心距离。
- labels：(每一块)饼图外侧显示的说明文字。
- autopct:控制饼图内百分比的设置,可以使用 format 字符串或 format function'%1.1f'来指定小数点前后位数(没有用空格补齐)。

- pctdistance：类似于 labeldistance，指定 autopct 的位置刻度,默认值为 0.6。
- shadow：在饼图下面画一个阴影。默认值为 False，即不画阴影。
- labeldistance：label 标记的绘制位置相对于半径的比例，默认值为 1.1。如果值小于 1，则表示绘制位置在饼图内侧。
- startangle：起始绘制角度，默认图是从 X 轴正方向逆时针画起的。如果设定值为 90，则表示图是从 Y 轴正方向画起的。
- radius：控制饼图半径，默认值为 1。
- counterclock：指定指针方向，默认值为 True，即逆时针。当值为 False 时，即可改为顺时针。
- wedgeprops：传递给 wedge 对象的字典参数，默认值为 None。例如，wedgeprops={'linewidth':3}表示设置 wedge 线宽为 3。
- textprops：设置标签（Label）和比例文字的格式，传递给 text 对象的字典参数。
- center：图标中心位置，默认值为(0,0)。
- frame：默认值为 False。如果值为 True，则绘制带有表的轴框架。
- rotatelabels：默认值为 False。如果值为 True，则旋转每个 label 到指定的角度。

案例——绘制某公司上半年销售量饼图

绘制饼图所需的数据存储在一个名称为"某公司 2021 年各产品销售情况表.xlsx"的 Excel 文件中，如图 7-28 所示，绘制上半年销售量饼图。

绘制饼图的 PyCharm 程序如下：

```python
# /usr/bin/env python3
# -*- coding:UTF-8 -*-
import numpy as np        # 导入 NumPy 模块库
import pandas as pd       # 导入 Pandas 模块库
import openpyxl           # 导入 openpyxl 模块库
import matplotlib.pyplot as plt   # 导入 matplotlib.pyplot 模块
# 读取 Excel 文件
data=pd.read_excel('D:\\NewPython\\某公司 2021 年各产品销售情况表.xlsx')
plt.rcParams['font.sans-serif']=['SimHei']  # 解决中文乱码
x=data.loc[1].values[1:]    # 定义数据
explode=(0,0.2,0,0.1,0.2,0)  #将第二块和第四块分离出来
plt.pie(x,explode,autopct='%1.2f%%')
plt.show()
```

运行结果如图 7-29 所示。

通过对 Python 数据可视化应用的学习，读者应该体会到了 Python 可以使数据可视化设计更加灵活，为我们提供了更大的设计自由度。因此，我们需要扩展思路，发挥自己的创造力，设计出风格独特、新颖别致的数据可视化作品。在通过 Python 进行数据可视化设计时，读者应发挥自立自强的精神，借鉴而不固守他人经验，勇于大胆尝试，培养独立思考的好习惯。这种好习惯的养成，可以从日常生活中的小事做起，在我们的学习和生活中时刻体现出自强不息的作风，处处严格要求自己，为把祖国建设得更加富强而不懈努力。

 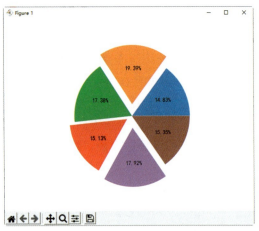

图 7-28 绘制饼图所需的数据　　　　图 7-29 某公司 2021 年上半年销售量饼图

项目总结

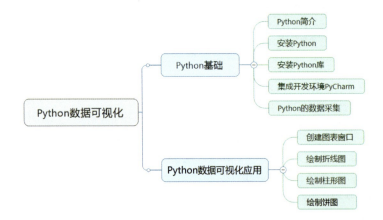

项目实战

实战一：绘制环形图

绘制新生儿的得分分析各部分占比的环形图，所需的数据存储在如图 7-30 所示的一个名称为"新生儿的得分分析.xlsx"的 Excel 文件中，实现效果如图 7-31 所示。环形图是由两个及两个以上大小不一的饼图叠在一起，挖去中间的部分所构成的图形，主要用于区分或表明某种关系。环形图可显示多个样本各部分所占的相应比例，从而有利于对构成的比较研究。

（1）读取 Excel 文件"新生儿的得分分析.xlsx"，代码如下：

```
# /usr/bin/env python3
# -*- coding:UTF-8 -*-
```

```python
import numpy as np        # 导入 NumPy 模块库
import pandas as pd       # 导入 Pandas 模块库
import openpyxl           # 导入 openpyxl 模块库
import matplotlib.pyplot as plt   # 导入 matplotlib.pyplot 模块
# 读取 Excel 文件
data=pd.read_excel('D:\\NewPython\\新生儿的得分分析.xlsx')
plt.rcParams['font.sans-serif']=['SimHei']   # 解决中文乱码
plt.rcParams["axes.unicode_minus"]=False     # 负号的正常显示
labels=['编号1','编号2','编号3','编号4','编号5',\
'编号6','编号7','编号8','编号9','编号10',]  # 定义标签
y1=data['肌肉弹性']
y2=data['反应的敏感性']
y3=data['心脏的搏动']
```

图 7-30　绘制环形图所需的数据

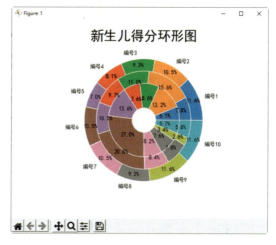

图 7-31　环形图

（2）使用 pie()函数绘制"编号–评分"的饼图。利用 wedgeprops 参数定义边缘的宽度、边缘的颜色，利用 pctdistance 参数定义百分比刻度位置，利用 radius 参数定义半径，利用 labels 参数定义标签。代码如下：

```
plt.pie(y1,autopct='%.1f%%',wedgeprops={'width':0.4,'edgecolor':'w'},\
        pctdistance=0.9,radius=1,labels=labels)
plt.pie(y2,autopct='%.1f%%',wedgeprops={'width':0.4,'edgecolor':'w'},\
        pctdistance=0.8,radius=0.8)
plt.pie(y3,autopct='%.1f%%',wedgeprops={'width':0.4,'edgecolor':'w'},\
        pctdistance=0.6,radius=0.6)
```

（3）注释图形，代码如下：

```
plt.title('新生儿得分环形图',fontsize=24,loc='center')
plt.show()
```

实战二：绘制气泡图

利用气泡图分析全年项目收入，绘制气泡图所需的数据存储在如图 7-32 所示的一个名

称为"全年项目收入图表.xlsx"的 Excel 文件中，实现效果如图 7-33 所示。气泡图（Bubble Chart）用于展示三个变量之间的关系。它是对散点图的升级，通过散点图中点的大小来表现第三维数据。

利用 read_excel()函数读取 Excel 文件"全年项目收入图表.xlsx"，代码如下：

```
# /usr/bin/env python3
# -*- coding:UTF-8 -*-
import numpy as np        # 导入 NumPy 模块库
import pandas as pd       # 导入 Pandas 模块库
import openpyxl           # 导入 openpyxl 模块库
import matplotlib.pyplot as plt   # 导入 matplotlib.pyplot 模块
# 读取 Excel 文件
data=pd.read_excel('D:\\NewPython\\全年项目收入图表.xlsx')
data=data.T    # 数据行列转置
plt.rcParams['font.sans-serif']=['SimHei']   # 解决中文乱码
plt.rcParams["axes.unicode_minus"]=False   # 负号的正常显示
```

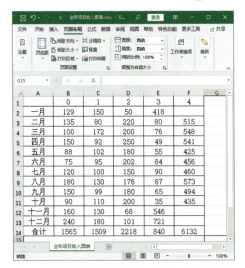

图 7-32　绘制气泡图所需的数据

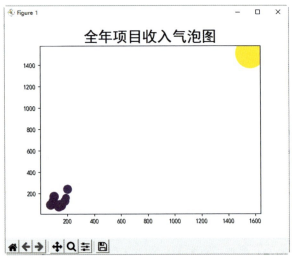

图 7-33　气泡图

（1）获取数据，代码如下：

```
y1=data[0]    # 获取列数据
y2=data[1]
y3=data[2]
```

（2）定义气泡颜色，代码如下：

```
color=data[4]
```

（3）绘制气泡图，代码如下：

```
plt.scatter(y1,y2,s=y3,c=color)
plt.title('全年项目收入气泡图',fontsize=24,loc='center')
plt.show()
```